全国劳动预备制培训教材

劳动保护知识

（第二版）

劳动和社会保障部教材办公室组织编写

中国劳动社会保障出版社

图书在版编目(CIP)数据

劳动保护知识/范仲文主编. —2 版. —北京：中国劳动社会保障出版社，2007

全国劳动预备制培训教材
ISBN 978-7-5045-6105-3

Ⅰ. 劳…　Ⅱ. 范…　Ⅲ. 劳动保护-技术培训-教材　Ⅳ. X9

中国版本图书馆 CIP 数据核字(2007)第 047256 号

中国劳动社会保障出版社出版发行
(北京市惠新东街1号　邮政编码：100029)
出版人：张梦欣

*

北京市艺辉印刷有限公司印刷装订　新华书店经销
850毫米×1168毫米　32开本　5.625印张　139千字
2007年4月第2版　2012年6月第8次印刷
定价：9.00元

读者服务部电话：010-64929211/64921644/84643933
发行部电话：010-64961894
出版社网址：http://www.class.com.cn
版权专有　　　侵权必究
举报电话：010-64954652
如有印装差错，请与本社联系调换：010-80497374

前　言

目前，我国正在推行一项新的劳动制度——劳动预备制，即对新生劳动力实行追加 1~3 年的职业教育和培训，帮助其提高就业能力，在具备相应的职业资格后，在国家政策指导和帮助下实现就业。

实施劳动预备制度是深化劳动制度改革的重要措施，是培育和发展劳动力市场的一项基本建设。实施这项制度，对缓解就业压力、保持我国就业局势的稳定和提高劳动者整体素质具有重要意义。

实施劳动预备制，搞好教材建设是重要的一环。为解决当前实施劳动预备制对教材的急需，我们会同中国劳动出版社组织编写了法律常识、职业道德、就业指导、实用写作、英语日常用语、交际礼仪、劳动保护知识、计算机应用、应用数学、实用物理知识等 10 门公共课教材，并根据劳动预备制培训的实际需要，在现有的和准备编写的就业训练和技工学校教材中，挑选出机械、家电修理、汽车修理、电工、化工、锅炉运行、公关、会计、商业营业、会计统计、宾馆服务、美容美发、广告装潢、服装裁剪、中式烹调、计算机等 17 类 92 种教材，供劳动预备制试点单位开展培训工作时使用。

　　实施劳动预备制是一项新的工作，对教材建设提出了新的要求，我们正在抓紧做好这方面的工作。现在编写和推荐的这套教材，是劳动预备制教材建设的初步尝试。我们力求通过这套教材，使经过培训的人员掌握从业必备的基本知识和专业技能，具有良好思想品质和职业道德，成为素质较高的劳动者。

　　在编写这套教材的过程中，编写人员克服困难，在较短的时间内完成了这项工作，在此谨向为编写这套教材付出辛勤劳动的有关同志表示衷心感谢！

　　由于编写时间仓促，这套教材尚有许多不足之处，我们将在劳动预备制试点城市试用过程中，听取各方面的意见，再进行修订，使其更加完善。

劳动部职业技能开发司
1997 年 7 月

再版说明

全国劳动预备制培训教材公共课（试用）自1997年问世以来已经历时近10年。在这10年中，这套教材最初在劳动预备制试点城市试用，后来推向全国，在使用过程中受到用书单位的好评，为推动劳动预备制培训和职业技能培训工作发挥了积极的作用。

今天，我们对全国劳动预备制培训教材公共课（试用）进行了系统的分析，结合使用单位在使用过程中提出的中肯意见，对教材进行了重新整合，使其更适应市场的需求。例如，充分考虑培训对象的接受能力和学习效果，删除了原版教材中过深的理论和过多的知识要求，增加了大量案例教学，通过案例分析诠释重点与难点等。

修订后的教材还会存在不足之处，恳请各地有关专家、教师与学生将使用过程中遇到的问题反馈给我们，以便我们做好以后的修订工作，使本套教材能够为全国劳动预备制培训和职业技能培训工作做出更大的贡献。

劳动和社会保障部教材办公室
2007年4月

内容简介

本书是由劳动和社会保障部教材办公室组织编写的，供劳动预备制培训使用的公共课教材。其主要内容包括劳动保护基本概念、劳动保护合法权利与维护途径、劳动安全技术、职业卫生、事故救护、工伤保险知识等。

本书试用版由郎宏图、韩伟、王吉江、丁世彤、李东时、唐秋霞编写，郎宏图主编。

本次改版由成都信息工程学院范仲文主编，罗晓蓉、李贵卿、范守荣、汪浩、王华、何兴贵、骆兰、高燕妮参编，黄华审稿。

目 录

第一章 劳动保护概述
    第一节 劳动保护概念 /1
    第二节 劳动保护管理 /5
    第三节 劳动保护用品 /15
    第四节 安全色与安全标志 /17

第二章 劳动保护合法权利与维护途径
    第一节 劳动者的劳动保护权利和义务 /22
    第二节 劳动保护维权途径 /32

第三章 劳动安全技术
    第一节 劳动安全技术概述 /42
    第二节 机械加工安全技术 /46
    第三节 焊接作业安全技术 /54
    第四节 冶炼及热加工作业安全技术 /60
    第五节 电气作业安全技术 /70
    第六节 建筑施工作业安全技术 /74
    第七节 矿山作业安全技术 /79
    第八节 机动车驾驶安全技术 /86
    第九节 锅炉操作安全技术 /93
    第十节 压力容器操作安全技术 /98
    第十一节 起重吊运作业安全技术 /102

第十二节　防火防爆安全技术　/109

第四章　职业卫生
第一节　职业性粉尘危害及预防措施　/118

第二节　职业性毒物危害及预防措施　/121

第三节　物理因素危害及预防措施　/124

第四节　生物危害及预防措施　/126

第五节　常见职业病及防治　/128

第五章　事故救护
第一节　常见安全事故的救护与处理方法　/141

第二节　常见事故伤害的现场救护　/149

第六章　工伤保险知识
第一节　工伤保险概述　/160

第二节　工伤认定　/163

第三节　工伤保险待遇　/167

参考文献　/172

第一章 劳动保护概述

第一节 劳动保护概念

一、劳动保护概念

劳动保护，即保护劳动者在生产劳动过程中的生命安全和身体健康。

在生产劳动过程中，由于种种因素，可能引发一些安全事故，从而危及劳动者的生命安全，造成劳动者人身伤害甚至死亡。例如，矿井发生瓦斯爆炸，机械加工时发生机器绞碾，建筑施工中发生高处坠落，交通运输车辆发生碰撞等安全事故。这些事故一旦发生，将直接造成劳动者身体的损伤甚至人员的死亡。

在生产劳动过程中，由于劳动环境较差，还可能造成劳动者身体不适，使劳动者患上各种疾病，甚至由这些疾病导致劳动者伤残或死亡。例如，长期在粉尘超标环境中劳动，使劳动者患上肺部疾病；由于劳动环境中有毒物质含量超标，致使劳动者眼部残疾等。劳动环境粉尘超标、噪声过大、有毒物质过多等，都有可能让劳动者患上某些疾病，给劳动者造成身体伤害。

> **想一想**
> 请你举出一件在生产劳动过程中发生过的安全事故案例，说明事故造成的人员伤亡情况，并分析引起事故的主要原因；举出一件因为劳动环境卫生引起的疾病案例，说明由于环境危害造成的人员伤亡情况，并分析引起事故的主要原因。

因此，劳动保护就是要通过采取各种措施，减少或避免安全事故的发生，改善劳动卫生环境条件，有效保障劳动者生命安全和身体健康。

二、劳动保护措施

在劳动过程中，由于机器设备有问题，生产工艺方式不符合规范，都可能引起安全事故；由于作业环境有害、有毒物质过多，噪声过大，粉尘严重超标，可能使劳动者患上各种疾病。为了减少或消除各种安全事故的发生，减少或消除各种因素造成的身体危害，有效保护劳动者生命安全和身体健康，我们应采取各种必要的防护措施，这些措施统称为劳动保护措施。

劳动保护措施可分为两大类，即组织措施和技术措施。

所谓组织措施，是指通过加强劳动保护立法，建立劳动保护组织机构，开展劳动保护教育培训，实行劳动保护监察等措施，保护劳动者生命安全和身体健康。例如，国家颁布劳动法、职业病防治法等法律、法规，设立国家安全生产监督管理局、职业病防治院等劳动保护组织；企业设立安全生产办公室，配备专门的安全管理人员，对新入厂的人员进行安全培训"三级"教育等，这些措施都属于劳动保护组织措施。

所谓技术措施，是指通过采用机械化、自动化、电气化和密闭化等先进生产工艺；通过采取劳动安全技术和卫生技术，消除生产劳动过程中的各种安全隐患和职业危害；通过

> **想一想**
> 在电工作业过程中应该采取哪些具体的劳动保护措施？

供给劳动者劳动防护用品和保健食品，提高其预防能力，补偿特殊损害，以减轻危害程度。这些通过采取各种技术、工艺和方法来保护劳动者的措施，统归为技术措施。例如，给机构传动带加上防护罩，以防止操作人员被卷入带中；向有粉尘的空气中定期喷洒清水，以降低粉尘浓度；要求在建筑工地作业的人员戴上安

全帽，以防落石伤及头部。这些保护措施都属于劳动保护技术措施。

提示：一方面要严格按电工作业操作规程去做，不冒险带电作业，检修电路时应先拉闸断电；另一方面，也要穿戴好劳动保护用品，如戴绝缘手套作业、使用绝缘电工工具。这些防止触电的劳动保护措施都属于技术措施。

事例链接

小曾在技校学的是焊接专业，毕业后应聘到一家金属制品公司当焊接工人。在上岗之前，小曾接受了公司组织的安全教育培训。公司将其分配到班组，其所在班组的师傅又给小曾讲解了班组工作内容，工作中应注意的安全保护事项，要求小曾在作业前一定要戴上公司配发的焊接专用手套，要穿焊接专用耐热皮鞋，要使用焊工保护面具。焊机接通电源前，要检查线路是否有破损，是否有漏电发生的可能，谨防触电伤人。小曾掌握了焊接作业劳动保护要领，每次上班工作时，都先做好劳动保护措施，严格按操作程序工作，从不违章作业。一年下来未发生一次安全事故，受到公司表扬，被评为公司安全生产先进个人。

想一想

小曾采取了哪些劳动保护措施？我们应从中受到哪些启发？

三、劳动保护的指导方针

我国劳动保护工作的八字指导方针是"安全第一，预防为主"。根据形势的发展，目前，又将八字方针补充为"安全第一，预防为主，综合治理"十二字方针。

"安全第一"方针，要求企业应把保护劳动者生命安全和身体健康放在第一位，企业应尽最大努力避免人员伤亡，避免职业病的发生；要求劳动者在工作岗位上，也应把落实安全生产法规、充分满足安全卫生需要摆在第一位,不违章操作。当生产任务同劳动安全发生矛盾时,实行"生产服从安全"的原则,在排除不安全因素后再进行生产。在评价企业工作成绩时,应把安全生产情况作为一项重要内容进行考核评价。

"预防为主"方针,要求企业应加强对安全事故和职业危害的预防工作,减少或避免事故的发生,减轻职业危害;应尽力采用先进设备和技术,确保安全生产;应加强安全教育,提高劳动者安全意识;应运用先进的技术手段和现代安全管理方法,预测和预防危险因素的产生。

"综合治理"方针,要求各级政府、各分管部门、各企业要树立全局观念,按照法律、法规要求对涉及安全生产的问题统筹解决。落实安全责任,治理事故隐患,整顿安全生产领域存在的问题。

事例链接

小李在一家公司仓库开铲车,每天的工作就是用铲车将货物从仓库运出,装载到卡车上。一天,小李驾驶铲车装载桶装硫酸到卡车上,在装载两个小时后,小李发现铲车右轮胎被严重划伤,为防止爆胎,小李向工组长提出停止作业,将铲车右胎换一下。工组长走过来查看了一下被划伤的轮胎,说没什么大事,可以继续用,现在任务紧,装车重要,等装完这车再去换胎。小李也没有多想,就按工组长的意思继续装载。在装车时,小李驾驶的铲车右胎爆裂,整个车辆向右倾斜,铲车上的硫酸桶掉落到地上,摔破的硫酸桶滚到成品库,泄漏的硫酸使成品严重腐蚀,造成成品报废。事故虽未造成人员伤亡,但造成了公司财产的重大损失。事后,公司对安全事故进行了全面调查,认定小李违反安全操作规程,不该驾驶存在安全隐患的车辆继续作业;认定工组长违反劳动保护指导方针,违章指挥,没有在确保安全的前提下指挥生产作业。要求小李和工组长写检查并赔偿财产损失的30%，共计12 000元，小李承担5 000元，工组长承担7 000元。

想一想

造成安全事故，小李的责任在哪里？工组长的责任在哪里？如何防止类似事故的再次发生？

四、劳动保护工作的任务

劳动保护工作的任务，就是要采取积极有效的组织措施和技术措施，保护劳动者在生产过程中的安全与健康。具体包括以下几个方面的任务：

一是采取安全技术。即采取各种保证安全生产的技术措施，控制和消除生产过程中容易造成劳动者伤害的各种不安全因素，减少和杜绝伤亡事故，保障劳动者安全地从事生产劳动。

二是改善劳动卫生环境。即采取各种保证劳动卫生的技术措施，改善作业环境，防止和消灭职业病及职业危害，保障劳动者的身体健康。

三是改善劳动条件，减轻劳动强度，为劳动者创造舒适、良好的作业环境。

四是实行劳逸结合，严格控制加班加点，保证劳动者有合理的休息时间，使劳动者能经常保持健康的体魄、饱满的热情和充沛的精力，保证安全生产，提高劳动效率。

第二节　劳动保护管理

要做好劳动保护工作，就要有专门的组织、专门的人员去实施；就要有相关的法律、法规和执行标准作为实施依据；就要对实施过程和实施效果进行监督和控制，这些都属于劳动保护管理的范畴。因此，劳动保护管理工作内容可以概括为：设立劳动保护组织机构、建立劳动保护法规体系、开展劳动保护教育、实施劳动保护监察四个方面。

一、劳动保护组织

开展劳动保护工作,要有专门的组织机构去实施,要有专门的人员进行管理。

劳动保护组织包括政府组织和企业组织两部分。政府劳动保护组织主要负责劳动保护立法、劳动保护监察、劳动争议仲裁和劳动安全保险等工作。企业劳动保护组织主要负责组织劳动安全教育、制定劳动安全措施、管理劳动保护用品等工作。

我国政府劳动保护组织主要有：劳动和社会保障组织、劳动监察组织、安全生产组织、劳动争议仲裁组织、妇联组织、工会组织、法院组织等。

我国企业劳动保护组织主要有：企业劳动安全生产办公室、企业工会组织、企业妇联组织、企业劳动卫生办公室等。

二、劳动保护立法

劳动保护立法,是国家用法律的形式制定和认可,并由国家强制保证执行的一系列保护职工在生产劳动过程中的安全与健康的法律规范。它的职能就是通过法律形式,调整人们在进行生产、建设和经济活动过程中相互之间的劳动关系,规定人们在生产过程中的行为准则。

我国劳动保护法律体系主要包括劳动保护法律、劳动保护法规、劳动保护国家标准三个方面。

1. 劳动保护法律

由全国人大审议通过,由国家主席签署发布并实施,如宪法、劳动法、矿山安全法、安全生产法、海上交通安全法、建筑法、消防法、公路法、煤炭法、铁路法、职业病防治法、清洁生产促进法等。

2. 劳动保护行政法规

由国务院常务会议审议通过,由国务院总理签署发布并实施，如危险化学品安全管理条例、民用爆炸物品管理条例、工伤保险条例、特种作业人员安全技术培训考核管理办法、使用有毒物品作业场所劳动保护条例、尘肺病防治条例、放射性同位素与射线装置放射防护条例、职业健康监护管理办法、职业病诊断与鉴定管理办法等。

3. 劳动保护国家标准

由国家标准化委员会制定并组织实施，如五项规定、三大规程、施工现场临时用电安全技术规范、职业安全标准等。

通过劳动保护立法，使劳动保护工作纳入法制化轨道。劳动保护组织及其职责、劳动保护内容、劳动保护要求、劳动保护权利与义务，所有这些都在相关的法律、法规或劳动标准中得到明确规定。

资料卡

与劳动保护相关的法律、法规及国家标准

1. 《中华人民共和国宪法》

第42条规定，国家通过各种途径，创造劳动就业条件，加强劳动保护，改善劳动条件，并在发展生产的基础上，提高劳动报酬和福利待遇。

2. 《中华人民共和国劳动法》

第29条规定，有下列情况之一的，用人单位不得解除劳动合同：患职业病或者因工负伤并被确认丧失或者部分丧失劳动能力的；患病或者负伤，在规定的医疗期内的；女职工在孕期、产期、哺乳期内的。

第52条规定，用人单位必须建立、健全劳动安全卫生制度，严格执行国家劳动安全卫生规程和标准，对劳动者进行劳动安全卫生教育，防止劳动过程中的事故，减少职业危害。

第55条规定，从事特殊作业的劳动者必须经过专门培训并取得特种作业资格。

第56条规定，劳动者在劳动过程中必须严格遵守安全操作规程。劳动者对用人单位管理人员违章指挥、强令冒险作业，有权拒绝执行，对危害生命安全和身体健康的行为，有权提出批评、检举和控告。

第59条规定，禁止安排女职工从事矿山井下、国家规定的第四级体力劳动强度的劳动和其他禁忌从事的劳动。

第60条规定，不得安排女职工在经期从事高处、低温、冷水作业和国家规定的第三级体力劳动强度的劳动。

3.《中华人民共和国安全生产法》

第17条规定，生产经营单位的主要负责人对本单位安全生产工作负有下列职责：建立、健全安全生产责任制；组织制定本单位安全生产规章制度和操作规程；保证本单位安全生产投入的有效实施；督促、检查本单位的安全生产工作，及时消除生产安全事故隐患。

第45条规定，生产经营单位的从业人员有权了解其作业场所和工作岗位存在的危险因素、防范措施及事故应急措施，有权对本单位的安全生产工作提出建议。

第47条规定，从业人员发现直接危及人身安全的紧急情况时，有权停止作业或者在采取可能的应急措施后撤离作业场所。

第51条规定，从业人员发现事故隐患或者其他不安全因素，应当立即向现场安全生产管理人员或者本单位负责人报告。

4.《中华人民共和国矿山安全法》

第15条规定，矿山使用的有特殊安全要求的设备、器材、防护用品和安全检测仪器，必须符合国家安全标准或者行业安全标准。

第16条规定，矿山企业必须对机电设备及其防护装置、安全检测仪器定期检查、维修，保证使用安全。

第17条规定,矿山企业必须对作业场所中的有害有毒物质和井下空气含氧量进行检测,保证符合安全要求。

第18条规定,矿山企业职工必须对下列危害安全的事故隐患采取预防措施:冒顶、片帮、边坡滑落和地表塌陷;瓦斯爆炸、煤尘爆炸;冲击地压、瓦斯突出、井喷;地面和井下的火灾、水害;爆破器材和爆破作业发生的危害;粉尘、有毒有害气体、放射性物质和其他有害物质引起的危害。

5.《中华人民共和国建筑法》

建筑法规定,建筑施工企业应当在施工现场采取维护安全、防范危险、预防火灾等措施;有条件的,应当对施工现场实行封闭管理。建筑施工企业应当建立、健全劳动安全生产教育培训制度,加强对职工安全生产的教育培训。企业和劳动者应当遵守安全生产法规,不得违章指挥或违章作业。

6.《中华人民共和国消防法》

消防法规定,任何人都有维护消防安全、保护消防设施、预防火灾、报告火警的义务。任何人不得损坏或擅自挪用、拆除、停用消防设施,不得埋压、圈占消防栓,不得占用防火间距,不得堵塞消防通道。禁止在具有火灾、爆炸危险的场所使用明火;因特殊情况需要使用明火作业的,应当按照规定事先办理审批手续。

7.《中华人民共和国公路法》

我国公路法规定,企业应当保障公路养护人员的人身安全。公路养护人员进行养护作业时,应当穿着统一的安全标志服。利用车辆进行养护作业时,应当在公路作业车辆上设置明显作业标志。

8.《中华人民共和国煤炭法》

煤炭法规定,企业应当对职工进行安全教育,要求职工遵守安全生产法规。企业工会发现企业有违章指挥、冒险作业,或发现生产过程中有明显事故隐患时,有权提出解决建议,甚至批评、检举和控告。企业必须为职工提供必要的劳动保护用品，必须为职工办理意外伤害保险。

9.《中华人民共和国铁路法》

铁路法规定，禁止旅客携带危险品上车，铁路工作人员有权对旅客携带的物品进行安全检查。铁路运输企业应加强对铁路的管理和保护，定期检查和维修铁路运输设施，保证铁路运输设施完好，保障旅客和货物的安全。

10.《中华人民共和国海上交通安全法》

海上交通安全法规定，船长、轮机长、驾驶员、轮机员、无线电报务员、话务员以及水上飞机、潜水器的相应人员，必须持有合格职务证书，其他船员必须经过相应专业技术训练。

11.《中华人民共和国职业病防治法》

第4条规定，劳动者依法享有职业卫生保护的权利，用人单位应当为劳动者创造符合国家职业卫生标准和卫生要求的工作环境和条件，并采取措施保障劳动者获得职业卫生保护。

第5条规定，用人单位应当建立、健全职业病防治责任制，加强对职业病防治的管理，提高职业病防治水平，对本单位产生的职业病危害承担责任。任何单位和个人有权对违反本法的行为进行检举和控告。

12.《中华人民共和国清洁生产促进法》

清洁生产促进法规定，企业在进行技术改造过程中，应采取无毒、无害或低毒、低害的原料；应采用防治技术，达到国家规定的污染物排放标准和排放总量指标。

13.《危险化学品安全管理条例》

条例对危险化学品的生产、储存运输、使用、应急救援、法律责任等环节都作了明确的安全管理规定。

14.《民用爆炸物品管理条例》

条例规定了爆破器材的生产、爆炸器材的储运、爆炸器材的销售和购买、爆炸器材的使用等环节的安全要求。对烟花爆竹、民用信号弹、烟火剂也作了安全管理规定。

15.《工伤保险条例》

条例规定,职工发生工伤时,用人单位应当采取措施使工伤职工得到及时救护;用人单位应当按时为职工缴纳工伤保险费,职工个人不缴纳工伤保险费;职工发生工伤,经治疗伤情相对稳定后存在残疾、影响劳动能力的,应当进行劳动能力鉴定;治疗工伤所需费用符合规定的,从工伤保险基金中支付。

16.《特种作业人员安全技术培训考核管理办法》

办法规定了特种作业范围,对特种作业的安全技术培训、考核和发证工作也作了相应规定。

17.《使用有毒物品作业场所劳动保护条例》

第4条规定,从事使用有毒物品作业的用人单位应当使用符合国家标准的有毒物品,不得在作业场所使用国家明令禁止使用的有毒物品或使用不符合国家标准的有毒物品。用人单位应当尽可能使用无毒物品;需要使用有毒物品的,应当优先选择低毒物品。

第12条规定,使用有毒物品作业场所应当设置黄色区域警示线、警示标志和中文警示说明。

第18条规定,用人单位应当与劳动者订立劳动合同,将工作中可能产生的职业中毒危害及其后果、职业中毒危害防护措施和待遇等事项如实告知劳动者。

18.《尘肺病防治条例》

条例规定,企业负责人对本单位的尘肺病防治工作负有直接责任,企业应采取有效措施使本单位的粉尘作业场所达到国家卫生标准要求。职工使用的防护用品必须符合国家标准规定。未满18周岁的未成年人,禁止从事粉尘作业。

19.《放射性同位素与射线装置放射防护条例》

条例规定,单位负责人应当采取有效措施使本单位的放射防护工作符合国家有关规定。放射性同位素的生产、使用、储存场所和射线装置的生产、使用场所必须设置防护设施,其入口处必须设置放射性标志、防护安全设施、事故报警装置。放射性同位素不得与易燃、易爆以及腐蚀性物品放在一起。使用放射性同位素必须进行登记、检查,做到账物相符。

20.《职业健康监护管理办法》

办法规定,用人单位应当组织从事接触职业病危害作业的劳动者进行职业健康检查;应当组织接触职业病危害因素的劳动者进行岗前和岗后定期检查;不安排未经岗前体检劳动者、职业禁忌劳动者、未成年工、孕期或哺乳期女工从事有职业病危害因素的作业。用人单位应当建立并妥善保存职工职业健康监护档案。

21.《职业病诊断与鉴定管理办法》

办法规定从事职业病诊断的医疗机构条件,规定职工申请职业病诊断应提供的资料,规定职业病诊断证明书的确定程序。

22.《施工现场临时用电安全技术规范》

规范对用电管理、施工现场与周围环境、接地与防雷、配电室及自有电源、配电线路、电动建筑机械、手持电动工具及照明等都提出了详细的安全要求。要求企业在安装、维修或拆除临时用电工程时,必须由电工来完成。

23.《职业安全标准》

职业安全标准主要包括起重机械安全规程,磨削机械安全规程,安全电压,剪切机械安全规程,电气安全操作规程,手持式电动工具的管理、使用、检查和维修安全技术规程,工业企业厂内运输安全规程,爆破安全规程。

24.《三大规程》

三大规程包括《工厂安全卫生规程》《建筑安装工程安全技术规程》和《工人职员伤亡事故报告规程》。《工厂安全卫生规程》对厂区、通道、设备布置、安全装置、材料和成品堆放作了统一的安全卫生规定。《建筑安装工程安全技术规程》对建筑安装工程施工安全管理、主要安全技术设施、施工现场安全要求等作了统一规定。《工人职员伤亡事故报告规程》规定了伤亡事故统计、上报、调查、处理等事项。

25.《五项规定》

五项规定包括企业建立安全生产责任制，编制安全技术措施计划，加强安全生产教育，进行安全生产检查，做好伤亡事故调查和处理工作这五个方面规定。

三、安全生产教育

1. 安全教育的目的

安全教育是安全管理工作中的一个重要组成部分。广大劳动者接受安全生产教育，可以使之树立安全生产意识，增强事故防范能力，防止或减少事故发生，保证安全生产。

发生伤亡事故，不外乎人的不安全行为和物的不安全状态两种原因。根据我国历年职工因工伤亡事故分析，由于人的不安全行为所导致的事故造成的死亡人数占因事故死亡总人数的70％以上。可见，控制人的不安全行为对减少伤亡事故是极为重要的。安全教育是控制人的不安全行为最有效的一种方法。因此，安全教育对减少伤亡事故来说，是一种最直接、最有效的措施。通过安全教育，可以使广大劳动者正确地按客观规律办事，严格执行安全操作规程，加强对设备的维护检修，认识和掌握不安全、不卫生因素和伤亡事故规律，正确运用科学技术知识加以治理和预防，及时发现和消除隐患，把事故消灭在萌芽状态，保证安全生产。

2. 安全教育的内容

安全教育的内容主要包括三个方面，即安全生产方针、安全法规教育，新工人入厂"三级"安全教育，特殊作业人员安全教育。

安全生产方针、安全法规教育，即学习"安全第一，预防为主，综合治理"的安全生产方针，全面认识安全生产的重要性，树立良好的安全意识；学习安全法律、法规条款内容，在工作中自觉遵守国家安全生产规定，采取必要措施防止安全事故的发生。

新工人入厂"三级"安全教育，即新进厂的人员在上岗之前，要分别在工厂、车间和班组三级接受安全教育。厂级安全教育内容一般包括：学习国家安全生产方针、政策、法律、法规；了解工厂概况、安全生产情况、各项规章制度；掌握安全技术知识和预防事故的基本知识。车间安全教育内容一般包括：了解车间的生产性质、任务、工艺流程和主要设备情况，车间各项规章制度、安全生产规程和劳动纪律，车间的危险部位、尘毒危害情况以及安全生产的注意事项。班组安全教育内容一般包括：了解班组的生产性质、任务以及本班组在车间、工厂中的地位，班组安全生产情况，危险部位、工作地点环境及有毒有害因素，将要使用的设备和工具的性能、操作方法及有关注意事项，本工种的安全操作规程、生产岗位的职责范围、纪律和制度，各种防护设施的性能和作用，以及个人劳动防护用品的使用方法等。

特殊作业人员安全教育，即对特种作业人员，如电工作业、锅炉司炉、压力容器操作、起重机械作业、爆破作业、金属焊接作业、煤矿井下瓦斯检验、机动车辆驾驶、机动船舶驾驶和轮机操作、建筑登高架设作业等人员，进行专门安全教育。属于特种作业的工种，在安全程度上与其他工种有很大差别。从事该工种的人员在工作中接触的不安全因素较多，危险性较大，很容易发生事故。一旦发生事故，不仅对本人，而且会对周围的人和设施造成很大的危害。对从事特种作业的人员必须进行定期的安全教育和安全技术培训。培训工作采取企业自行培训、劳动保障部门或其指定部门培训相结合的办法。培训内容一般按照《特种作业人员安全技术培训考核大纲》而定，主要以本工种的专业知识和安全技术，以及灾害、事故的案例和预防措施为主。除机动车辆驾驶人员、机动船舶驾驶人员和轮机操作人员需按有关部门的规定执行培训以外，其他特种作业人员应每两年进行一次培训，每次培训结束后都要进行考核，考核合格者，发给特种作业人员操作证。获得操作证的人员，方能持证上岗作业。

四、劳动保护监察

劳动保护监察，即对国家劳动保护法律、法规的贯彻落实情况进行监督、检查，督促企业做好劳动保护工作，切实保护劳动者人身安全，避免或减少各种职业危害。

为做好劳动保护监察工作，我国在中央和地方都设立了专门的组织机构，如国家和地方安全生产监督管理部门、劳动监察大队等。此外，国家还形成了劳动保护监察方面的法律、法规体系，如特种设备安全监察条例、矿山安全法、安全生产法、劳动保障监察条例等。劳动者在劳动过程中，如遇到企业不为劳动者提供劳动保护用品，不消除安全隐患就让工人作业等违反劳动保护规定的行为，可以向劳动保护监察组织反映，通过劳动保护监察组织督促企业采取劳动保护措施，切实保护劳动者生命安全和身体健康。

第三节 劳动保护用品

劳动保护用品一般是指为保护劳动者在生产过程中的人身安全和健康所必备的各种防御性装备（也称个人劳动防护用品）。从某种意义上讲，劳动保护用品是劳动者防止职业伤害和劳动伤害的最后一项有效保护措施。尤其在劳动条件差、危害程度高或集体防护措施起不到防护作用的情况下（如抢修或检修设备、野外露天作业、处理事故或隐患等情况），劳动保护用品往往会成为劳动保护的主要措施。劳动保护用品在生产劳动过程中是必不可少的生产性装备，企业应按照国家有关规定按时足额发放，不得任意削减；广大职工也要十分爱惜，认真管好、用好各种劳动保护用品。

一、劳动保护用品的发放、使用与管理

发放职工劳动保护用品是保护劳动者安全健康的一种预防性措施,不是生活福利待遇,企业应当根据安全生产、防止职业性伤害的需要,根据不同工种、不同劳动条件来发放劳动保护用品。

二、劳动保护用品种类

劳动保护用品的种类较多,可以按保护人体的不同生理部位分类,也可以按劳动保护用品的用途分类。

1. 按保护人体的不同生理部位分类

（1）头部保护用品：如安全帽、防寒帽、矿工帽、女工防护帽。

（2）呼吸器官保护用品：如防尘口罩、防毒口罩、滤毒护具、氧气呼吸器。

（3）眼及面部保护用品：如防护眼镜、焊接护目镜、面罩、炉窑护目镜。

（4）手足保护用品：如绝缘手套、防酸碱手套、防寒手套、绝缘鞋、防酸碱鞋、防寒鞋、防油鞋、皮安全鞋。

（5）听觉保护用品：如耳塞、耳罩、头盔。

2. 按劳动保护用品的用途分类

（1）防尘用品：如防尘服、防尘口罩。

（2）防毒用品：如防毒口罩、滤毒护具、氧气呼吸器。

（3）防酸碱用品：如防酸碱服、防酸碱手套、防酸碱鞋。

（4）防油用品：如防油鞋。

（5）防高温、防辐射用品：如焊接护目镜及面罩、炉窑护目镜及面罩。

（6）防火用品：如阻燃服。

（7）高空作业用品：如安全帽、安全带、安全绳。

（8）防噪用品：如耳塞。

（9）防冲击用品：如防护眼镜、头盔、皮安全鞋。

(10) 防放射性用品：如防放射服。

(11) 绝缘和防触电用品：如防静电服、绝缘手套、绝缘鞋。

> **想一想**
> 你还见过哪些劳动保护用品？说说它们的劳动保护用途。

(12) 防寒用品：如防寒服、防寒手套、防寒鞋、防寒帽。

第四节　安全色与安全标志

安全色和安全标志，就是用特定的颜色和标志，从保证安全需要出发，采用一定的形象，醒目地给人们以提示、提醒、指示、警告或命令。如果说红、黄、绿灯是行人、车辆驾驶人员和交通民警之间的通用语，那么安全色和安全标志就是企业职工在安全生产中的通用语。工作环境中的各种安全色和安全标志时刻提醒我们，要注意安全，防止事故发生；指示我们不要进入危险场所，不要做可能引起危害的事情。一旦遇到意外紧急情况时，安全色和安全标志还可以提醒并引导我们及时、正确地采取应急措施，安全撤离事故现场。

一、安全色

不同的颜色会给人们以不同的感受。如森林着火，人们看到红色的火焰，就会感到有危险；看到人体流出鲜红的血液，就感到触目惊心；而当看到碧绿、广阔的原野和森林，蔚蓝的天空，就会感到心情舒畅、平静。安全色就是根据不同颜色会使人们产生不同的感受这个特性来确定的。国家标准把红、黄、蓝、绿四种颜色确定为安全色，根据人们对这些颜色产生的不同感受，分别给予每种颜色以不同的安全含义，见表1—1。

1. 红色

红色比较醒目，易使人在心理上产生一种兴奋感和醒目感。同时，由于红色光波波长比其他颜色光波波长更长，不容易被微尘、雾粒散射,所以在较远的地方也容易辨认。也就是说,红色的注目性很高,便于人们识别,多运用于表示危险、禁止、紧急停止等信号。

表1—1　　　　　　安全色的含义及用途

颜色	含义	用途
红色	禁止、停止 防火	禁止标志 停止信号:机器、车辆上的紧急停止手柄或按钮,以及禁止人们触动的部位
蓝色	命令 必须遵守的规定	命令标志:如必须佩戴个人防护用具,道路上指引车辆和行人行驶方向的命令
黄色	警告 注意	警告标志 警戒标志:如厂内危险机器和坑池边周围的警戒线 行车道中线 机械齿轮箱内部 安全帽
绿色	提示 安全状态 通行	提示标志 车间内的安全通道 行人和车辆通告标志 消防设备和其他安全保护设备的位置

2. 黄色

黄色是一种明亮的颜色。黄色和黑色相间组成的条纹是视认性最高的色彩,特别能引起人们的注目,所以多运用于表示警告、注意等信号。

3. 蓝色

蓝色虽然注目性和视认性都不太好,但和白色配合使用效果较好。特别是在阳光照射下,蓝色和白色衬托出的图像或标志,看起来明显,所以多被选用于命令标志。

4. 绿色

绿色虽然注目性和视认性都不高,但绿色使人感到舒服、平静和安全,所以多选用于表示安全提示、安全状态等信号。

5. 对比色

为了使红、绿、黄、蓝四种安全色表示的标志更醒目,常用白色和黑色作为四种安全色的对比色。在对比色搭配中,用黑色作为黄色的对比色,用白色作为红、蓝、绿三种安全色的对比色。黄色和黑色相间形成的条纹对比色,表示警告、危险的含义,如工矿企业内部的防护栏杆、起重机吊钩的滑轮架、平板拖车排障器、架设较低的管道;蓝色和白色相间形成的条纹对比色,表示指示方向的含义,如交通指示导向标;红色和白色相间形成的条纹对比色,表示禁止超过的含义,如道路上的防护栏杆以及隔离墩,见表1—2。

表1—2　　　间隔条纹对比色的含义和用途

颜色	含义	用途
红色与白色	禁止越过	交通、公路上用的防护栏杆
黄色与黑色	警告危险	工矿企业内部的防护栏杆,吊车吊钩的滑轮架,铁路和公路交叉道口上的防护栏杆
蓝色与白色	指示	交通指示导向标

二、安全标志

安全标志一般是由安全色、几何图形和图形符号构成。其目的是要引起人们对不安全因素的注意,预防安全事故的发生。因此,要求安全标志必须含义简明、清晰易辨、引人注目,同时要尽量避免过多的文字说明,甚至不用文字说明,也能使人们一看就知道它所表达的信息含义。

在《安全标志》国家标准中,共规定了67个安全标志(见彩图)。这些标志,从其含义来划分,可以分成四大类,即禁止标志、警告标志、命令标志和提示标志。各类标志采用各种不同的几何图形来表示，见表1—3。

表1—3　　　　　　四类安全标志及含义

序号	图形	颜色	含义
1	⊘	红	禁止
2	△	黄	警告
3	●	蓝	命令
4	■	绿	提示

1. 禁止标志

禁止标志为圆形内画一斜杠，并用红色描画成较粗的圆环和斜杠，背景采用白色，表示"禁止"或"不允许"的含义。

在圆环内还可画简单易辨的图像，这种图像即称为"图形符号"。在日常生活中，人们习惯用"×"来表示禁止或不允许，为什么这里不用"×"而用一斜杠呢？这是因为在圆环内如果用"×"，则圆环内的图形符号就不容易看清楚，效果就不好。另外，目前世界各国的禁止标志都是采用圆环内加一斜杠的几何图形来表示。我国《安全标志》国家标准也采用了上述的禁止标志几何图形，这种表示，更便于国际通用。

禁止标志圆环内的图像采用黑色绘画，背景用白色；说明文字设在几何图形的下面，文字用白色，背景用红色。

2. 警告标志

警告标志为三角形图像，用于警告人们注意可能发生的各种危险。

三角图形的背景是黄色，三角图形和三角形内的图像均用黑色描绘。黄色是有警告含义的颜色，在对比色黑色的衬托下，绘成的"警告标志"就更引人注目。

3. 命令标志

命令标志为一圆形，圆形内配上带有命令含义的颜色——蓝色，并用白色绘画必须履行的图形符号。命令标志要求到这个地方的人必须遵守。如工地附近有"必须戴安全帽"的命令标志，则进入工地的任何人都必须戴上安全帽，任何人都可以禁止不戴安全帽的人进入施工现场，以免发生意外。

4. 提示标志

提示标志的含义是向人们提供某种信息（指示目标方向、标明安全设施或场所等）。几何图形是长方形，按长短边的比例不同，分一般提示标志和消防设备提示标志两类。提示标志图形背景为绿色，图形符号及文字为白色。

思考题

1. 什么是劳动保护？什么是劳动保护措施？
2. 劳动保护的指导方针是什么？
3. 简述工厂"三级"安全教育的主要内容。
4. 劳动保护用品如何分类？
5. 举例说明安全标志的名称及其在劳动保护中的作用。

第二章 劳动保护合法权利与维护途径

第一节 劳动者的劳动保护权利和义务

我国法律规定,劳动者在劳动过程中享有合法劳动保护权利,如劳动安全教育培训权利、劳动安全卫生权利、劳动保险权利、劳动休息、休假权利等。作为一个劳动者,在走上工作岗位之前,应当了解国家法律、法规赋予自己的合法权利,从而珍惜这些权利,自觉地争取和维护这些权利。

同时,劳动者也应承担相应的劳动保护义务,如自觉接受安全培训,树立安全意识,严格遵守操作规程和安全管理制度,按规定要求佩戴并正确使用劳动保护用品,发现安全隐患立即上报并采取有效的防护措施。只有劳动者积极参与企业的安全管理工作,主动采取有效防护措施,自觉执行企业安全规定,安全事故才可以预防,劳动保护工作才可以做好,个人劳动保护权利才可以得到全面维护。

一、劳动者享有的合法劳动保护权利

1. 劳动休息与休假的权利

我国劳动法规定,劳动者每日工作时间不超过 8 小时,每周工作时间不超过 40 小时,劳动者要有足够的休息时间,以防劳累过度,引起职业疾病。

企业不能随意延长劳动者的工作时间。如需延长工作时间,必须具备一定的条件,并经过一定的手续。国家法律规定,企业由于生产经营需要,确实需要延长工作时间,应事先与工会和劳动者协商，并征得他们的同意。但在遇到自然灾害、发生事故等需要抢险、抢修的特殊情形时，可不经过协商，由用人单位决定劳动时间。对延长劳动时间的长短，法律也有相关规定。一般每日延长工作时间不得超过1小时，因特殊原因需要延长工作时间超过1小时的，在保障劳动者身体健康的条件下，每日延长时间最多不得超过3小时，每月延长时间最多不得超过36小时。用人单位延长工作时间，必须支付相应的劳动报酬。根据法律规定，劳动者加班应获得不低于工资的150%的工资报酬，休息日加班的工资报酬不低于工资的200%，法定节假日加班的工资报酬不低于工资的300%。

我国法律规定，劳动者享有法定节假日的休假权利。这些法定节假日为：元旦（1月1日）、春节（农历正月初一、初二、初三）、劳动节（5月1日、2日、3日）和国庆节（10月1日、2日、3日）。此外，还有妇女节（3月8日，妇女放假半天）、青年节（5月4日，14周岁以上青年放假半天）、儿童节（6月1日，13周岁以下少年儿童放假1天）和建军节（8月1日，现役军人放假半天）。

我国法律还规定女职工生育子女时，享受产假待遇。女职工产假应不少于90天。如发生难产，还要增加15天的产假。生育多胞胎时，每多生育一个婴儿，增加15天产假。产假期间，工资由用人单位支付。

此外，法律还规定劳动者连续工作一年以上的，可以享受带薪年休假。

事例链接

某医院护士王晓莲在怀孕7个月后要求单位不要再安排她上夜班，但单位以无人代替其岗位为由而拒绝，王晓莲只好坚持继续上夜班。休完产假后，王晓莲回单位上班，单位由于病人多，工作任务繁重,需要护士加班,但王晓莲认为自己正处于哺乳期,每天需要给孩子喂奶两次,加班极为不便,因此拒绝单位的加班要求,单位以王晓莲不服从工作安排为由解除了与王晓莲的劳动合同。

想一想

用人单位侵犯了王晓莲哪些合法的劳动保护权利?

2. 劳动保护教育培训的权利

劳动者刚刚进入企业,对企业安全生产情况不够了解,对劳动卫生状况也不太熟悉,需要接受劳动保护培训,以了解企业安全生产情况,掌握安全生产技术,熟练运用劳动保护用品。这样才可以使自己树立安全意识,在劳动过程中采取合适的安全技术措施,有效保护自己的生命安全和身体健康。

劳动保护教育培训,主要通过企业组织的"三级"安全教育来实施。即新入厂的人员先接受工厂组织的劳动保护教育培训,学习劳动保护方针,学习劳动保护法律、法规,了解工厂安全生产情况,工厂总体分布,工厂管理组织、职责及规章制度等。经考试合格后,再分配到车间或分厂,接受车间或分厂组织的劳动保护教育培训,进一步了解车间生产工艺情况,车间生产布局,车间安全生产注意事项,车间规章制度。最后才到所在的班组,由班组长组织与工作相关的安全技术教育培训,了解设备安全生产情况、生产工艺特点及安全注意事项,劳动保护用品的使用保管知识,职业疾病的防护措施。

企业不能为了省事,减少培训开支,省去对新入厂人员的安全教育培训,这是对劳动者的不负责,是对劳动者劳动保护权利的侵害。劳动者如不接受劳动保护教育培训,缺乏相应的保护知识和技能,在劳动生产过程中将可能出现更多的劳动安全事故,将会引起更多的职业疾病发生,最终还是会增加对劳动者的职业危害或安全伤害。

3. 社会保险的权利

社会保险是指国家通过颁布法律、制定法规，规定当劳动者遇到生、老、病、死、残、失业等情况时，给予一定的物质或经济帮助，以保证其基本生活需要的一种社会保障制度。我国现行社会保险主要有养老保险、医疗保险、失业保险、工伤保险和生育保险五种。

法律规定，用人单位应当为劳动者购买相应社会保险，按时足额缴纳社会保险费。一些用人单位，为减少劳动力成本，不给劳动者购买社会保险，或只给部分人员购买社会保险，这是违法的，是侵犯劳动者社会保险权利的行为，劳动者有权要求企业购买社会保险，有权向劳动保障组织举报，劳动保障组织有权给予经济处罚。

4. 提请劳动争议处理的权利

这是劳动者维护自己合法劳动权益的有效途径和保障措施。劳动者在劳动过程中，难免会发生一些与企业之间的利益冲突，形成劳动争议。发生劳动争议，就意味着劳动者的权益可能受到侵犯。在发生劳动争议时，劳动者有权提请劳动争议调解委员会进行调解，也有权提请劳动争议仲裁委员会进行仲裁。必要时，还可以向当地人民法院起诉，通过法院判决来维护自己的合法权利。劳动者在提请调解、仲裁甚至上诉到人民法院时，应当了解劳动争议处理的法律规定，这样在自己的权益受到侵犯时，才能更好地采取保护措施，利用法律武器来保护自己的合法权益。

5. 获得劳动安全卫生保护的权利

劳动安全卫生是指劳动者在劳动生产过程中，其生命安全和身心健康所得到的有效保护。我国法律规定，用人单位必须建立、健全劳动安全卫生制度，严格执行国家劳动安全卫生规程和标准，对劳动者进行劳动安全卫生教育，防止劳动过程中的事故，减少职业危害。用人单位必须为劳动者提供符合国家规定的劳动安全卫生条件和必要的劳动防护用品，对从事有职业危害作业的劳动者要定期进行健康检查。

劳动安全卫生权利，是劳动者应当享有的一项最为重要的权利，它直接关系到劳动者的生命安全。人的生命安全高于一切，劳动者应当知晓自己的劳动安全卫生权利内容，有效维护自己的劳动安全卫生权利。

6. 了解作业场所和工作岗位存在的危险因素，了解企业为此采取的防范措施及事故应急措施，决定是否从事存在不安全因素的工作的权利

例如，劳动者进矿工作，有权了解工作条件的安全性，有权了解工作环境的卫生情况，这样才能决定是否接受该份工作。矿山的生产每时每刻都处在变动之中，采矿、掘进、凿岩、爆破等均随着生产的推进而不断变化，加上地质条件的变化莫测，风险难以控制，经常造成重大伤亡事故，如大面积坍塌、冒顶、片帮、透水等事故。作为企业职工，有权了解矿山作业场所和所在工作岗位存在的危险因素和有害因素，知道自己应当怎样做才能保障安全。必要时，劳动者可以拒绝那些存在安全隐患而劳动保护措施不力的工作。

再如，在我国，目前职业危害最严重的是粉尘危害。在冶金行业的冶炼厂、烧结厂、耐火材料厂，机械行业的铸造厂，建筑行业的水泥厂、石棉制品厂、砖瓦厂，轻工行业的玻璃厂、陶瓷厂，纺织行业的棉纺厂、麻纺厂，电力行业的火力发电厂，化工行业的橡胶厂等，在生产过程中均产生大量的粉尘，人在这种环境下工作时吸入的粉尘量会很多，防治不当，易患上肺病。劳动者有权知道这类工作可能产生的职业危害，从而决定是否签订劳动合同，是否接受这份工作。

7. 对本单位的安全生产工作提出建议、批评、检举、控告的权利

作为企业的员工，除了拥有了解企业场所和工作岗位存在的

危险因素、企业采取的防范措施等权利,还有对企业的安全生产工作提出建议的权利。劳动者可以针对安全隐患提出防范措施以及事故应急措施的意见,协同企业做好劳动安全工作,减少事故的发生,保障劳动者人身安全。

劳动者有权对本单位安全生产存在的问题进行监督。如果发现有危害安全生产的问题存在,劳动者可以向本单位管理人员提出批评;如果有关管理人员不接受意见,不进行改进,劳动者还可以向上级主管部门检举,直至上诉控告。这不仅是对劳动者自身身体健康、生命安全的自觉保护,也是对企业长远发展与长远利益的最好保护。

8. 拒绝违章指挥和强令冒险作业的权利

劳动者拒绝违章指挥和强令冒险作业,可以避免安全事故造成的人员伤亡,可以更好地保护自己的人身安全,有效地维持正常的生产秩序,切实防止事故发生。

一些企业领导法制观念薄弱,安全卫生制度不健全,有的甚至连基本的劳动保护设施都没有,但为了获得经济利益,强令工人冒险作业的现象经常发生。对此我们应当知道,法律是站在劳动者一边的。如果遇到违章指挥,强令冒险作业,我们应当坚持"安全第一"的原则,敢于拒绝各种不安全作业。

9. 发生直接危及人身安全的紧急情况时,停止作业或者在采取可能的应急措施后撤离作业场所的权利

发生直接危及人身安全的紧急情况时,如不能及时撤离作业场所,常会酿成重大的人身伤亡事故。如煤矿瓦斯爆炸、煤尘爆炸、火灾、透水等事故,一旦发生,将会造成重大人身伤亡和重大财产损失。法律赋予劳动者这一权利,使劳动者在事故发生初期及时撤离现场,可以有效地保护劳动者的人身安全。

例如,劳动者在吊装劳动过程中,发现起吊钢缆出现裂纹,并有异常响声,钢缆随时可能断裂,起吊的货物掉下将危及周围作业人员的人身安全。这时,周围作业人员可以采取及时撤离的

措施，以防止发生事故，造成人员伤害。待安全隐患消除后，才可以继续起吊作业。

10. 要求用人单位提供必要的防护设施和防护用品的权利

用人单位应积极采取措施，改善作业场所的作业条件，避免由于化学、物理和生物的有毒有害物质危害劳动者的健康，预防职业病的发生，并提供防治职业病的防护用品。如加强车间通风，降低有毒有害气体的浓度；采取密闭、湿式作业措施，防止粉尘危害；采取吸声、消声、隔音措施，减少噪声危害；为从事有毒有害作业的人员提供防护服、防护眼镜、防护面罩和防护手套等防护用品。

事例链接

小李在一家建筑施工公司工作。2005年8月，公司承揽到一项工程，为一栋停建多年的大楼进行内外装修。由于工程期限很紧，该公司在没有完全搭建好安全网的情况下，要求小李及工友在大楼外墙进行装修作业。小李向公司负责人提出应该待安全网搭建好之后再进行施工。公司负责人否定了小李的建议，强令工人们必须立即施工。小李拒绝服从公司负责人的指挥。负责人警告小李，如果不立即按要求施工，轻则扣减其工资，重则解除其劳动合同。小李不服气，难道工期紧就可以让我们冒着生命危险工作吗？

想一想

在未来的求职与工作中，我们如何应用好法律赋予自己的劳动安全卫生保护权利，保护自己的身体健康和生命安全？

二、女职工及未成年工享有的特殊劳动保护权利

1. 女职工享有的特殊劳动保护权利

女职工由于自身生理及心理特点，往往在劳动过程中会遇到

一些特殊困难。同时,她们还担负着繁衍、哺育后代的任务。如果在劳动中对女职工不加以保护,不仅会影响她们自身的安全和健康,还会影响下一代的安全和健康。我国劳动法和妇女权益保障法规定了女职工享有特殊劳动保护权利,这对于保护女性身体健康,保障人类的健康繁衍,具有十分重要的作用和意义。

我国法律规定,不允许女职工从事禁忌性劳动。如矿山井下作业、森林业伐木及流放作业、建筑业脚手架的组装和拆除作业、电力电信行业的高处架线作业、连续负重每次超过20千克的作业、间断负重每次超过25千克的作业以及特别繁重的体力劳动(如第四级体力劳动强度作业)。

我国法律还规定,妇女在生理"四期"(月经期、怀孕期、产期、哺乳期)禁忌从事某些劳动。如女职工在经期不得从事高处、低温、冷水作业和国家规定的第三级体力劳动强度的作业;怀孕女职工不能从事伴有强烈振动的作业和工作中需要频繁弯腰、攀高、下蹲的作业;怀孕或哺乳期女职工不能从事铅、汞、镉等有毒物质浓度超过国家卫生标准的作业,企业不得延长工作时间或安排她们从事夜班劳动。

例如,某企业从事金属加工,焊工较多,且多为女性。由于焊接作业产生大量的有毒气体,危害呼吸系统,弧光对人体也造成辐射影响,因此,焊工需要特殊的劳动保护。对于女性焊工来讲,由于生理原因,其身体健康就更需要得到企业的关注。这个企业对处于"四期"的女性焊工明文规定予以保护,安排她们从事一些力所能及的工作。

2. 未成年工享有的特殊劳动保护权利

未成年工指年满16周岁,不足18周岁的劳动者。由于未成年工身体还处于发育阶段,需要在劳动过程中给予特殊的保护。

我国劳动法规定,不得安排未成年工在粉尘、有毒的作业环境中工作,尽量限制高处、冷水、高温、低温作业,不得安排未成年工从事第四级体力劳动强度作业以及重体力劳动作业,不得安排未成年工在危险环境或易发生事故的环境中作业。如不安排未成年工在矿山井下及地面采石作业，不安排未成年工在有易燃易爆、化学性烧伤和热灼伤等危险性大的环境作业，不安排未成年工使用凿岩机、气镐、电锤等工具进行作业等。

法律还要求，用人单位应对未成年工进行定期健康检查，根据检查结果安排适合的工作；应对未成年工进行岗前教育、安全培训和职业技能教育培训。

法律规定任何单位和个人禁止使用童工。童工即指未满16周岁，与用人单位发生劳动关系，从事有经济收入劳动的少年儿童。

事例链接

小翔的家在陕西省某山区，2005年高考落榜的他迫于家庭经济压力，在老乡的推荐下，到河南省平顶山市一家煤矿企业打工。当时，他刚满17岁。在企业老板的要求下，小翔每天到井下采煤，终日不见阳光。不到4个月时间，原本就身体单薄的小翔已经骨瘦如柴，难以继续从事这样艰苦的体力劳动。小翔向老板提出，希望能更换一个轻松一点的工作岗位，但是老板一口拒绝了他的要求，声称如果干不了就走人，并且前几个月的工资分文不给。正当小翔感到绝望的时候，当地劳动保障监察人员到这家煤矿巡视检查，发现了小翔面临的问题。劳动保障部门当即责令煤矿改正使用未成年工从事井下作业的违法行为，并对煤矿作出了行政处罚的决定。同时，劳动保障部门还对该煤矿不依法按时足额支付劳动者工资的行为进行了查处。

想一想

煤矿侵犯了小翔哪些劳动保护权利？

三、劳动者应尽的劳动保护义务

要做好劳动保护工作，除了要求企业建立劳动保护规章制度、采取劳动保护措施、提供劳动保护用品以外，还要求劳动者要尽到相应的劳动保护义务，如树立安全生产意识、遵守安全规定和操作规程、佩戴安全器具等。没有劳动者的参与，再好的制度和措施也是难以实施的。

1. 劳动者应当树立安全生产意识，遵守安全生产规章制度和操作规程，服从本单位安全人员的管理

安全生产规章制度和操作规程是企业为了保护劳动者在劳动过程中的安全和身体健康，防止和消除职工伤亡事故和职业病而制定的。这些规章制度和操作规程都来自于科学实验和生产实践，是多次安全事故教训的总结，反映了安全生产的客观规律。劳动者应当树立安全意识，自觉执行这些规章制度和操作规程，避免或减少安全事故的发生。如果劳动者不讲科学，违反安全规章制度，违反操作规程，就有可能引发事故，造成严重的后果。

2. 劳动者应当正确佩戴和使用劳动保护用品

劳动保护用品是保护劳动者在生产过程中的人身安全与身体健康所必备的防御性装备，正确佩戴和使用这些装备，对于预防事故和减少职业危害起着十分重要的作用。劳动保护用品分为安全帽类、呼吸护具类、眼防护具类、听力护具类、防护鞋类、防护手套类、防护服类、防坠落护具类、护肤用品类共9大类。企业根据生产环境存在的不安全因素和职业危害因素，针对不同工种、不同劳动条件的劳动者，发放给劳动者不同的劳动保护用品。如职工从事高处作业时应使用安全带，从事有毒气体危害作业时应使用防毒口罩、防护眼镜和防毒面具等。

劳动者应知道自己所从事的工作岗位存在的不安全因素或职业危害因素，知道需要佩戴和使用什么样的劳动保护用品。这样，在没有得到有效保护时，可以向企业提出佩戴劳动保护用品的要求。如企业不给予解决，劳动者还可以向劳动监察大队投

诉,可以提请劳动争议仲裁委员会仲裁解决。同时,劳动者还应了解劳动保护用品的使用方法,只有正确佩戴和使用劳动保护用品,才能起到劳动保护作用。

3. 劳动者应当接受安全生产教育培训,掌握本职工作所需的安全生产知识,提高安全生产技能,增强事故预防和应急处理能力

企业的安全生产教育培训,是提高职工安全素质,防止伤亡事故,减少职业危害的重要手段,既是企业的职责,也是职工的义务,是劳动者执行劳动安全卫生规定的基础和保障。劳动者不接受此项教育,不懂得劳动安全卫生知识,不掌握安全生产技能,就不能自觉遵守劳动安全规章制度,进行安全生产。在事故发生时也很难具备应急处理能力,把事故危害控制在最小限度。

4. 发现事故隐患或其他不安全因素,劳动者应当立即向现场安全生产管理人员或本单位负责人报告,接到报告的人员应当及时予以处理

小的隐患常常可能造成大的事故。作业场所、设备以及设施的不安全状态,人的不安全行为和管理上的缺陷都可能成为事故隐患。及时发现事故隐患或不安全因素,就可以及早采取措施,把事故消灭在萌芽状态。

第二节　劳动保护维权途径

当劳动者的劳动保护权利受到侵害时,劳动者可以通过与用人单位签订的劳动合同来维护自己的权利。此外,劳动者还可以通过工会组织、劳动争议调解委员会、劳动争议仲裁委员会来维护自己的劳动保护权利。如通过这些途径都不能解决问题,劳动者还可以通过人民法院的判决来维护自己的合法权利。

一、通过签订劳动合同维护劳动者劳动保护权利

1. 劳动者应当与用人单位订立劳动合同

劳动合同是劳动者与用人单位确立劳动关系、明确双方权利和义务的协议。它是双方维护各自合法利益的法律保障，是处理劳动争议的直接证据和依据。因此，劳动者在上岗之前，应与用人单位签订劳动合同，明确双方的责任、权利、利益，通过签字盖章，形成具有法律效力的文件。订立劳动合同要遵循平等自愿、协商一致的原则，不能违反法律、法规的规定，否则合同就成为无效合同，这是保护劳动者自身合法权益非常重要的一件事。如果用人单位拖延时间，不订立劳动合同，劳动者可以向劳动监察大队举报，由劳动监察大队责令用人单位及时与劳动者订立劳动合同。

事例链接

猛子在一家建筑公司打工两年多，企业一直没有与他签订劳动合同。2006年2月，该公司负责人找到猛子，称由于目前承建的工程已近尾声，让猛子不要再来上班了。在结算工资时，公司只向其支付了当年1—5月份的部分工资，称其余工资由于猛子工作质量不高，予以扣减。猛子对此不服，向市劳动保障监察大队投诉，监察人员表示，猛子与公司没有签订劳动合同，无法确认与公司之间的劳动关系，对他的投诉不能受理。猛子又找到市劳动争议仲裁委员会，仲裁委员会受理了该案，经调查，虽公司与猛子没有签订劳动合同，但用工关系属实，且有证人作证，裁决该公司补发克扣的工资。

想一想

签订劳动合同对于劳动者维护自身权益重要吗？我们以后在工作中如何通过劳动合同来维护自身的劳动保护权利？

2. 劳动合同条款应当完整、准确

一份完整的劳动合同必须有工作内容、劳动保护和劳动条

件、劳动报酬、劳动纪律、劳动合同终止条件和违反劳动合同的责任等条款。经当事人和用工单位协商，还可以增加其他条款，如试用期时间、休息休假安排、保守商业秘密要求、员工福利项目、违约金及赔偿金等条款。

合同条款表达的意思应当清晰，没有任何歧义，双方在理解上是完全一致的。这样的合同可以减少劳动争议，更好地维护双方的利益，约束双方的行为。

3. 注意劳动保护和劳动条件的条款内容

在劳动合同中，应有专门的条款规定用人单位为劳动者提供的劳动条件，采取的劳动保护措施。尤其对那些存在不安全因素和职业危害的劳动岗位，用工单位应将工作过程中可能产生的职业病危害及其后果、防护措施和待遇等如实告知劳动者，并在劳动合同中定明。劳动者更应当注意劳动合同中劳动保护和劳动条件的条款内容。通过这些条款，保护自己的权益，维护自己的健康。如在粉尘危害较大的岗位工作，劳动保护和劳动条件条款应要求企业采取各种防尘措施，降低作业场所粉尘浓度，为劳动者发放个人防护用品。

4. 拒绝签订有"工伤概不负责"之类条款的不合法、不合理的劳动合同

在合同中有"工伤概不负责""伤残由个人负责"等条款的所谓生死合同，不符合法律规定，也违背了社会公德，这种合同应视为无效合同。劳动者要拒绝签订有这类条款的合同。如已经签订合同，劳动者可以向当地劳动仲裁委员会提请仲裁，确认合同无效。

二、通过劳动争议处理维护劳动者劳动保护权利

1. 劳动争议概念

劳动争议是指劳动者与用人单位在生产活动过程中，因行使劳动权利、履行劳动义务而发生的劳动纠纷。如因企业开除职工或职工辞职发生的争议；因企业提供的工资、保险、福利、培训

发生的争议；因履行劳动合同发生的争议等。

劳动争议中，需要特别引起重视的是劳动安全和职业卫生方面的争议，即劳动保护争议。如因劳动场所劳动条件不符合规定，企业不为职工提供劳动保护设施，不发放劳动保护用品等发生的争议；因工伤认定、工作时间和休息休假发生的争议；在女职工和未成年工特殊劳动保护方面发生的争议；劳动者拒绝违章操作或冒险作业被扣工资或奖金甚至解除劳动合同的争议等。

一些企业管理人员法制观念淡薄，企业安全卫生制度不健全，在劳动者已提出生产中存在不安全因素时，不但不认真听取，及时改正，还强令职工冒险作业。更恶劣的是，在职工抵制时，企业采取错误的行政手段对待职工，扣发劳动工资或奖金甚至解除劳动合同，这是极为错误的，也是违法的行为。

2. 劳动争议处理

当用人单位与劳动者发生劳动争议时，当事人可以通过双方协商、劳动争议调解委员会调解、劳动争议仲裁委员会仲裁、向人民法院提起诉讼等形式进行劳动争议处理。

（1）双方协商处理。当劳动者和用人单位发生意见分歧，甚至利益冲突时，首先采取的处理办法就是协商。劳动者应当明确双方的意见分歧或利益冲突违背了国家法律、法规的哪些规定以及双方签订的劳动合同条款要求。劳动者可以选派代表与用人单位劳动人事部门的相关人员沟通，反映自己的意见和要求，提出希望达成的目标。通过双方协商，解决问题，以此保障劳动者合法权益。

（2）企业劳动争议调解委员会调解。如双方不愿协商，或通过协商仍达不成一致意见，劳动者可以向本企业劳动争议调解委员会申请调解。对于有争议的事项，劳动争议调解委员会根据法律、法规的规定及合同条款规定，提出解决问题的合理办法，并与劳动者及用工单位协商沟通，达成一致意见，以此保障双方权益。

申请调解可以采取口头形式，也可以采取书面形式。调解委员会在收到调解申请后4日内作出受理或不受理的决定。对不予受理的调解申请，调解委员会将向申请人说明理由，并提出处理的其他办法或意见。

（3）劳动争议仲裁委员会仲裁。劳动争议仲裁委员会一般设在当地劳动和社会保障局（所），是政府设立的劳动就业管理行政组织，专门负责处理不愿接受调解的劳动争议。

并不是所有劳动争议都可以申请劳动争议仲裁。可申请仲裁的劳动争议主要限于：企业辞退职工或职工要求辞职方面的争议，工资福利及社会保险方面的争议，教育培训方面的争议，劳动安全与劳动卫生方面的争议。

劳动者申请劳动争议仲裁，要注意申请时限。如果超出时限，相关部门就不会受理。根据规定，当事人从知道自己的权利被侵害之日起60日内，要以书面形式向仲裁委员会申请仲裁。仲裁委员会应当自收到申诉书之日起7日内作出受理或不予受理的决定。仲裁庭处理劳动争议应当自组成仲裁庭之日起60日内结束。案情复杂需要延期的劳动争议，经报仲裁委员会批准，可以适当延期，但延长的期限不得超过30日。

申请仲裁要提交书面申请，书面申请要写明：职工当事人姓名、职业、住址和工作单位，企业名称、地址和法定代表人姓名及职务，仲裁请求和所根据的事实或理由，证据，证人的姓名和住址。提交申诉书时还要按照被诉人数提交副本。

事例链接

昕宇是当地有名的川菜大厨师，经人介绍到一家餐饮公司工作。在协商签订劳动合同时，当着介绍人的面，老板许诺给昕宇厨师长职位，月薪不低于6 000元。昕宇在劳动合同上签字后，老板将劳动合同一式两份均收回，表示回公司盖章后再将应由昕宇收执的一份劳动合同交给他。几天后，昕宇向老板讨要自己收执的那份劳动合同，老板称工作忙，还没来得及盖章。昕宇对此也没有太在意，于是一直拖了下去。昕宇开始工作后，公司一直没有兑现让他当厨师长的承诺，每月工资只有 3 000 元，与当初劳动合同上的约定数额差得很远。昕宇找老板要求兑现劳动合同上的承诺，却一直被老板以种种借口拒绝。一气之下，昕宇要求解除劳动合同。老板拿出劳动合同声称一直按劳动合同约定执行，如果昕宇要解除劳动合同，应赔偿公司损失。昕宇这时才发现，两份劳动合同上均作了修改。气愤之下，昕宇决定向当地劳动争议仲裁委员会请求仲裁，裁决劳动合同无效。第二天，昕宇写好仲裁申请书，送达当地劳动争议仲裁委员会，工作人员听完昕宇的叙述，当即决定受理这一劳动争议。又过了一个星期，仲裁委员会组成了仲裁庭，对劳动争议进行了审理，经双方协商同意，公司补偿昕宇 3 个月工作期间的工资 9 000 元，双方解除劳动合同关系。

想一想

从本案例中我们得到哪些启示？

（4）人民法院判决。发生劳动争议，当事人如对仲裁裁决不服，可以向人民法院起诉，请求人民法院审判，以此维护劳动者合法权益。

向人民法院起诉，要写起诉书。一份完整的起诉书应当写明下列事项：一是当事人姓名、性别、年龄、民族、职业、工作单位，企业法人名称、地址，法定代表人姓名、职务；二是诉讼请求所根据的事实与理由；三是证据和证词来源，证人姓名、住所。

起诉也要注意时限，必须在收到仲裁裁决书之日起 15 日内。人民法院民事审判庭受理或审理劳动争议案件，其审理期限为 6

个月。有特殊情况需要延长的，经院长批准可以延长。当事人对一审判决不服，还可以提起上诉，由更高一级人民法院进行审理。二审判决是生效的终审判决，当事人必须执行，不得上诉。

劳动争议不能直接向人民法院起诉，只有经仲裁裁决或仲裁委员会不予受理的案件，才可以向人民法院起诉。

三、通过劳动保障监察机构维护劳动者劳动保护权利

劳动保障监察是劳动保障行政机关依法对用人单位遵守劳动保障法律、法规的情况进行监督检查，发现和纠正违法行为，对违法行为依法进行行政处理或行政处罚的行政执法活动。实施劳动保障监察对于促进劳动保障法律、法规贯彻实施，监控劳动力市场秩序，维护劳动关系双方当事人合法权益以及推动劳动保障部门依法行政都具有十分重要的意义。

劳动保障监察的内容主要是国家法定的劳动标准和事项，以及社会保险的执行情况。如用人单位遵守录用和招聘职工规定的情况、遵守有关劳动合同规定的情况、遵守女职工和未成年工特殊劳动保护的情况、遵守工资支付规定的情况、遵守社会保险规定的情况、用人单位制定的劳动规章制度是否合法等。如果劳动者发现或认为用人单位侵犯了自己的合法权益，可以向劳动保障监察机构举报，通过劳动保障监察机构的处理来维护劳动者劳动保护合法权利。

1. 通过劳动保障监察人员的监督检查维护劳动者劳动保护权利

劳动保障监察部门通过组织人员对用人单位进行定期检查和不定期的抽查，及时发现用人单位在劳动保护中的问题，督促企业采取整改措施，切实保护劳动者的权利。

劳动保障监督检查的方式主要有：一是日常巡逻监督检查，即劳动保障监察人员在一定的时期巡视用人单位及劳动场所，及时发现违法行为，依法处理违法事件；二是采取举报专查，即劳动保障监察部门接到劳动者举报，及时组织监察人员对用人单位

进行专项检查，核实反映的情况，纠正并查处用人单位的违法行为；三是采取劳动保障年检，即劳动保障监察部门对用人单位进行年度全面劳动检查，查验用人单位是否全面落实劳动保护法律、法规，是否有违反法律、法规的行为，是否有劳动者举报。

2. 通过劳动者的检举维护劳动保护权利

劳动者可以在遇到以下情况时，向劳动保障监察机构检举，要求劳动保障监察部门作出处理：

一是用人单位有违反录用和招聘职工规定的行为，如招用童工、收取风险抵押金、扣押身份证等。

二是用人单位有违反有关劳动合同规定的行为，如拒不签订劳动合同、违法解除劳动合同、解除劳动合同后不按国家规定支付经济补偿金、国有企业终止劳动合同后不按规定支付生活补助费等。

三是用人单位违反女职工和未成年工特殊劳动保护规定，如安排女职工和未成年工从事国家规定的禁忌劳动、未对未成年工进行身体健康检查等。

四是用人单位违反工作时间和休息休假规定，如超时加班加点、强迫加班加点、不依法安排劳动者休息等。

五是用人单位违反工资支付规定，如克扣或无故拖欠工资、拒不支付加班加点工资、拒不遵守最低工资保障制度规定等。

六是用人单位制定的劳动规章制度违反法律、法规，如用人单位规章制度规定劳动者不参加社会保险，工伤责任自负等。

事例链接

晓蓉从技校毕业后，被四川一家大型机械公司录用为车工。刚到公司报到时，晓蓉就提出要与公司签订劳动合同，明确工作内容、工资待遇、劳动安全卫生保障等事项，但公司人事管理人员以种种借口拖延不签。到了年底，晓蓉领了工资准备回中江县老家过年，在给经理请假时，经理要求晓蓉把身份证留下，理由是担心晓蓉过完年后如不来上班，公司会受很大损失。晓蓉认为，公司不签订劳动合同本身就是违法行为，这次要扣身份证，更是错上加错，坚决不同意，但又不知道怎样来维护自己的合法权益。

 想一想

你认为晓蓉可以采取哪些方式维护自己的合法权益？

资料卡

《劳动保障监察条例》关于劳动保护的条款内容

第十一条　劳动保障行政部门对于下列事项实施劳动保障监察：

（一）用人单位制定内部劳动保障规章制度的情况；

（二）用人单位与劳动者订立劳动合同的情况；

（三）用人单位遵守禁止使用童工规定的情况；

（四）用人单位遵守女职工和未成年工特殊劳动保护规定的情况；

（五）用人单位遵守工作时间和休息休假规定的情况；

（六）用人单位支付劳动者工资和执行最低工资标准的情况；

（七）用人单位参加各项社会保险和缴纳社会保险费的情况；

（八）职业介绍机构、职业技能培训机构和职业技能考核鉴定机构遵守国家有关职业介绍、职业技能培训和职业技能考核鉴定的规定的情况。

第二十三条　用人单位有下列行为之一的，由劳动保障行政部门责令改正，按照受侵害的劳动者每人 1 000 元以上、5 000

元以下的标准计算,处以罚款:

(一)安排女职工从事矿山井下劳动、国家规定的第四级体力劳动强度的劳动或者其他禁忌从事的劳动的;

(二)安排女职工在经期从事高处、低温、冷水作业或者国家规定的第三级体力劳动强度的劳动的;

(三)安排女职工在怀孕期间从事国家规定的第三级体力劳动强度的劳动或者孕期禁止从事的劳动的;

(四)安排怀孕7个月以上的女职工夜班劳动或者延长其工作时间的;

(五)女职工生育产假少于90天的;

(六)安排未成年工从事矿山井下、有毒有害、国家规定的第四级体力劳动强度的劳动或者其他禁忌从事的劳动的。

 思考题

1. 我国劳动法规定了劳动者享有哪些劳动保护权利?
2. 我国法律对女职工及未成年工有哪些特殊劳动保护规定?
3. 劳动者在劳动保护方面应尽哪些义务?
4. 维护劳动者合法权利有哪些途径?

第三章 劳动安全技术

第一节 劳动安全技术概述

一、劳动安全技术概念

所谓劳动安全技术,是指企业在组织生产过程中,为防止伤亡事故发生,保障劳动者人身安全而采取的各种技术措施的总称。在生产过程中,由于一些作业环境存在着对劳动者安全与健康不利的因素,一些生产设备和工具存在着安全隐患,所采取的工艺过程和操作方法存在着一定的缺陷,这些都有可能引起各种安全事故,造成人员伤亡和财产损失。为了预防事故发生,减轻各种环境因素对劳动者的健康危害,企业必须采取有效措施,保障生产过程中设备和人身安全,所有这些采取的措施,统称为劳动安全技术。

例如,在焊接作业中,操作者利用焊钳夹住焊条进行金属材料焊接,可能因接触焊接工件导致触电事故,因焊接产生的电弧造成眼睛的伤害,因焊接产生的熔渣造成身体的烫

> **想一想**
> 请列举出一项劳动安全技术,将安全技术内容讲述给全班同学听。

伤。为防止焊接过程中触电事故的发生,我们可以采用安全电压,保持电压不超过50伏,即便操作者触电也不会对人体造成伤害;为保护操作者的眼睛,避免受到弧光的伤害,为操作者提供焊接面罩;为避免焊接产生的熔渣烫伤身体,要求焊工必须穿上焊接专用鞋,戴上焊接专用手套。以上采取的这些预防事故发

生、减轻各种职业伤害的措施，都是劳动安全技术。

二、劳动安全技术分类

对于同一行业，由于其工作环境基本一致，采取的设备和生产工艺也相差不大，面对的劳动风险和可能发生的安全事故也较为相同，因此，劳动安全技术可以按行业来分类。如劳动安全技术可以按行业划分为矿山安全技术、建筑安全技术、冶金安全技术、机械制造安全技术、化工安全技术、交通运输安全技术等。

劳动安全技术也可以按工种来划分。同一工种在不同行业都可能会存在，但同一工种在劳动作业时，使用的工具设备和工艺方法基本相同，其可能发生的安全事故也一样，因此，可以将不同工种应采取的安全技术进行归类并加以划分。如按工种来分类，劳动安全技术可以分为机械加工安全技术、电气作业安全技术、起重吊运作业安全技术、焊接作业安全技术、金属冶炼作业安全技术、热处理作业安全技术、机动车驾驶安全技术、锅炉操作安全技术、压力容器操作安全技术等。

目前，劳动安全技术分类主要采取按工种来划分。这种划分方式，有利于学生学习并掌握某一工种劳动安全技术，便于学生在未来就业中，充分利用所学知识，在劳动中采取有效的预防措施，以减少安全事故发生，保护身体健康和财产安全。

三、劳动安全普遍技术

不同行业、不同工种，尽管其采取的具体安全技术有所不同，但也有一些普遍采用的安全技术。如对可能发生安全事故的设备采取隔离措施、保持一定的安全距离、装设一些保险装置、增设安全信号和安全预警装置等。

1. 装设防护装置

装设防护装置，即对可能发生安全事故的设备，增设防护网、防护罩，装设防护栏，以保持一定的安全距离等，从而达到预防或减少安全事故发生的目的。防护装置可分为直接防护装置、距离防护装置和屏蔽保护装置。

(1) 直接防护装置。利用直接防护装置将人体与设备分隔开，以防止设备对人身造成伤害，从而保护人身安全。许多不能采用机械化和自动化的作业场所，操作人员常与设备直接接触，容易受到设备的伤害。企业在采用安全技术措施时，应首先考虑采用装设直接防护装置，使操作者与可能发生安全事故的设备隔离开。

直接防护装置分为简单防护装置和复杂防护装置。简单防护装置是指直接安装在可能发生安全事故设备上的防护挡板、防护罩、防护栅栏和防护网，通过这些装置，将操作人员与设备隔离，以避免事故发生。复杂防护装置是指安装在设备上的连锁装置，如安装在自动冲床上的防护罩和安全插锁，安装在物料升降机上的自动刹车装置，当升降机速度过快或升降机钢绳断裂时，升降机刹车装置发生作用，自动刹车，以减慢速度，避免安全事故的发生。

(2) 距离防护装置。生产过程中的安全隐患大小往往与安全距离直接相关，离安全隐患的距离越近，其危害性就越大。如离高压电线越近，越容易被高压电击伤；离辐射源、噪声源越近，其职业危害就越大。因此，与这些存在安全隐患或职业危害的设备保持一定的距离，可以减少或预防职业伤害。针对这些与距离直接相关的安全问题，企业可以装设距离防护装置，保持劳动者在安全距离内操作。如采取自动控制方式，采取遥控作业方式，使操作者远离存在危害的设备或场地，以减少危险因素和有害因素对人体的伤害。

> **想一想**
>
> 在我们的生活和工作中，哪些地方设置有保持安全距离的标志或设施？

(3) 屏蔽保护装置。对于像电流、电磁类危险因素和危害因素，可以采取屏蔽保护措施，通过遮栏、护罩、护盖等设施，把带电体同外界隔离开，防止作业人员与带电体直接或间接接触，以减少或预防人员伤害。

> **想一想**
>
> 高压线路检修人员，有时可以在不停电的情况下直接检修高压线路，难道他们就不会被高压电击伤吗？

2. 装设保险装置

在生产过程中，常会由于设备或其部件故障，引起安全事故发生；或由于操作者误操作引起安全事故发生。为防止这类事故的发生，必须采取安全技术。装设保险装置即是为防止这些特定安全事故发生而采取的安全技术。当出现设备故障或误操作，可能引起安全事故时，安全装置通过自动断电、停止工作、限制行程、刹车减速等动作，防止事故发生，从而达到保障安全的目的。

例如，在压力容器设备上装设安全阀，当容器压力过高，超过某一设定值时，安全阀发生作用，自动释放能量，降低压力，避免容器发生爆炸，从而达到安全保护的目的。再如，在电器设备上装设熔断器、空气开关、漏电保护器等保险装置，当负荷过大、电流过高时，或当电器设备发生故障，出现短路现象时，这些保险装置会自动断开电源，使设备停止工作，从而达到保护设备，防止安全事故发生的目的。

3. 装设安全信号装置

安全信号装置是当设备存在安全隐患或危险可能发生时，装置及时发出安全信号，以提示或警告操作者，及时采取措施，消除隐患或躲避危险，以预防事故发生，减少事故损失。安全信号装置本身不能排除危险，只能提醒人们对危险的注意，以便及时采取预防措施去排除危险或避免危险。

安全信号装置发出的安全信号一般有三种类型：

第一种类型是安全色彩信号。根据国家标准《安全色》的规定，安全色分为红、蓝、黄、绿四种颜色。红色的含义为禁止、停止，也表示防火；蓝色的含义为命令，必须遵守的规定；黄色的含义为警告、注意；绿色的含义为提示、安全状态和通行（具体规定可参见教材第一章第四节的安全色和安全标志内容）。

第二种类型是安全音响信号。主要利用汽笛、扬声器和电铃发出安全音响信号，以警告、提醒操作人员或在场人员注意安全，及时采取有效的劳动保护措施或救护措施。

第三种类型是安全指示信号。主要是指通过各种仪表，提供设备运行数据或环境安全状态数据。使操作者或安全工作人员可以通过对指针、数字和液柱的观察，来了解工作压力、温度、液位、浓度、密度等数据的变化情况，从而作出正确的安全判断，并采取及时有效的安全技术措施。

4. 设置安全标志

针对生产现场实际情况，设立含义明确、字迹鲜明的各种安全标志，以提醒人们注意，避免危险。国家标准《安全标志》规定了禁止标志、警告标志和命令标志。正确使用这些安全标志，让操作者或场地工作人员知晓安全环境和安全状态，有利于减少和防止安全事故的发生（安全标志的具体规定可参见教材第一章第四节的安全色和安全标志内容）。

标志可以通过直观的图形、简单的文字，告示劳动者这里能做什么、不能做什么、有什么危险。劳动者应知晓每一个标志的含义，并严格按标志规定的要求去做，这样可以减少安全事故的发生，保障劳动者的人身安全。

第二节 机械加工安全技术

机械加工，即对金属材料进行加工，使其达到图样规定的技术要求。机械加工过程中，使用的机械设备处于高速运转状态，操作者如有不慎，就有可能引发安全事故，造成设备损毁或人员伤亡。另外，机械加工过程中，由于金属熔化或金属温度较高，操作者如未掌握安全技术，不按规定程序去做，操作中容易被高温工件或熔化的金属烫伤，造成身体伤害。为避免机械加工中的安全事故发生，操作者应掌握机械加工安全技术，严格按机械加工工艺规程去做。这样，才可以减少机械加工中的身体伤害，才能避免安全事故发生。

机械加工按其工艺特点，可以细分为切削加工、冲压加工、磨削加工、焊接加工，不同的加工方法有其自身的安全技术要求。因此，机械加工安全技术又可以细分为切削加工安全技术、冲压加工安全技术、磨削加工安全技术和焊接加工安全技术。

一、机械加工一般安全技术

不同机械加工工艺方法虽有不同的安全技术要求，但这些工艺方法也有需要共同遵守的安全技术规程，即机械加工一般安全技术。这些一般安全技术包括以下12个方面：

第一，机械加工人员应检查机械设备是否按有关安全要求，装设了合理、可靠又不影响操作的安全装置。

第二，应检查机械加工设备上的零部件是否有严重磨损和松动等现象，发现后应及时更换、修理，防止设备"带病"运行。

第三，应检查机械加工设备电气电线是否有破损，设备的接零或接地等设施是否齐全、可靠。

第四，应检查机械加工中所用的电气设备是否有带电部分外露现象，绝缘设施是否完好，发现后应及时采取防护措施。

第五，检查设备上的操作手柄的定位及锁紧装置是否可靠，发现问题应及时修理。

第六，加工作业人员在操作时应按规定穿戴劳动保护用品，机械加工严禁戴手套操作，留长发人员应戴工作帽，且长发不得露出帽外。

第七，操作设备前应先空车运转，确认正常后再投入运行。

第八，刀具、工夹具以及工件都要装卡牢固，不得有松动现象。

第九，不得随意拆除机械设备的安全装置。

第十，机械设备在运转时，严禁用手调整、测量工件或进行润滑、清扫杂物等工作。

第十一，机械设备运转时，操作者不得离开工作岗位。

第十二，工作结束后，应关闭电源开关，把刀具和工件从工作位置退出，并清理好工作场地，将零部件和工夹具摆放整齐，保持机械设备的清洁卫生。

二、切削加工安全技术

切削加工是采用金属切削的加工方法，将毛坯加工成机器零件的过程。在切削加工过程中，使用的主要加工设备有车床、钻床、铣床、刨床、镗床。其加工工艺特点是，通过旋转或移动的机床刀具，加工金属表面，切除多余材料，使工件达到规格尺寸要求。在切削加工中，由于机床高速运转，操作者如有不慎，可能被刀具划伤，可能被卷入工件和机床内，可能被快速运动的工件撞伤。在切削加工中，还由于切削温度较高，运动速度较快，容易造成切屑伤害眼睛或其他身体部位的事故。

1. 切削加工中的安全事故类型

切削加工中的常见安全事故有以下 5 种类型：

一是操作者身体某一部位被卷入或夹入机床运动部件，造成身体伤害。发生这类伤害事故，多是因为机床旋转部分裸露在外；且未加防护装置，以及操作者的错误操作。例如，车床上旋转着的鸡心夹、花盘上的坚固螺钉端头、露在机床外的挂轮、传动丝杆等，均有可能将操作者的衣服袖口、领带、头巾角等卷入，造成安全事故；车床操作者留有长发，又不戴工作帽，飘散的长发极易被卷入机床内，造成操作者头皮脱落的安全事故；钻床操作者戴手套操作，被旋转着的钻头或切屑将手套连同手一齐卷入，造成手掌拉断的安全事故。

二是操作者与机床相碰撞引起伤害事故。在机械加工过程中，由于操作方法不当，用力过猛，使用工具规格不合适或已磨损，均可能使操作者撞到机床上。例如，用规格不合适或已磨损的扳手去拧螺母,并且用力过猛,使扳手打滑离开螺母,人的身体会因失去平衡而撞在机床上,造成伤害事故。操作者站立位置不当,也有可能受到机床运动部件的撞击。例如,站在平面磨床或牛头刨床运动部件的运动范围内,如注意力没有集中到机床上,就有可能被平面磨床工作台或牛头刨床滑枕撞上。

三是操作者被飞溅的切屑划伤或烫伤。飞溅的磨料和崩碎的切屑极易伤害人的眼睛。据统计,在切削加工过程中,眼睛受伤的比例约占伤害事故总数的35%。

四是操作者跌倒造成伤害事故。这类伤害事故主要是由于工作现场环境不好,如照明不足,地面不平整,地面油污过多,机床布置不合理,通道过于狭窄,零部件堆放不合理等,都有可能使操作者滑倒或被绊倒,造成身体伤害。

五是切削加工用冷却液对皮肤侵蚀和切削噪声对人体危害。

2. 引起切削加工安全事故的主要原因

引起切削加工安全事故的原因,可以归纳为以下5个方面:

一是安全操作规程不健全,安全管理不善,对操作者缺乏基本训练。例如,操作者不按安全操作规程操作,没有穿戴合适的防护服,工件或刀具没有夹持牢固就开动机床,在机床运转中调整或测量工件、清除切屑等。这些不按规定操作的行为都有可能引起安全事故。

二是机床在非正常状态下运转。例如,机床的设计、制造或安装存在缺陷,机床部件和安全防护装置的功能失效等。

三是工作场地环境不好。例如,照明不足,温度或湿度不适宜,噪声过大,地面或脚踏板被乳化液弄脏,设备布置不合理,零件或半成品堆放不整齐等。

四是工艺规程和工艺装备不符合安全要求,采取新工艺时无相应的安全措施保障。

五是采取的防护措施不当,不能有效预防安全事故的发生。

3. 切削加工安全技术

为减少安全事故的发生，保障劳动者的人身安全，操作人员应掌握以下切削加工安全技术：

（1）操作者在上岗之前，应通过专门培训，取得相关设备操作证书。

（2）操作者在上岗之时，应首先熟悉机床特点，熟悉机床安全操作规程，掌握安全技术并接受专业人员的安全操作检查。

（3）检查机床安全防护装置，机床的危险部分是否有设计合理、安装可靠和不影响操作的防护装置（如防护罩、防护挡板和防护栏等），是否有松动或脱落等现象。如发现安全防护装置存在问题，应立即组织人员检修，经检验合格后方能启动机器；如发现有松动或脱落现象，应紧固设备、夹具、工件，保持设备处于安全状态，保持工件固定可靠。

（4）检查机床上的安全保险装置，如超负荷保险装置、行程保险装置、顺序动作连锁装置和制动装置，装置是否齐全，功能是否正常有效。

（5）在切削加工过程中发现有异样，如有异响，有异味，有冒烟冒火情况，有失控现象，应立即停止操作，对设备进行检修。检修应在切断电源后才能进行。

（6）检查生产现场是否有足够的照明，照明能否看清设备和工件的各个部位。

（7）对噪声超过国家规定标准的机床，应查明原因，并采取降低噪声的措施。

另外，女职工在切削加工作业中，更应注意掌握安全技术。一方面，不要留长发，如头发过长，一定要将长发放入头罩，以免头发被卷入车床；另一方面，不要穿高跟鞋上班，以免站立不稳，造成摔伤；同时，也不要穿裙子作业，最好穿工作服，这样可以避免飞屑刺伤或烫伤身体。

三、冲压加工安全技术

冲压加工，即利用冲床，将金属材料冲压成各种形状的零件，或在零件上冲孔、冲角及其他几何形状的过程。在机械加工事故中，冲压加工造成的伤害比例最大，一般要占到机械加工事故总数的50%左右。因此，应高度重视冲压加工安全技术，加强安全管理，严格遵守操作规程，确保操作人员的人身安全。

1. 冲压加工安全事故的主要原因

冲压加工中采用的设备主要是冲床，由于冲床行程速度较快（最快的每分钟超过100次），多数企业冲压作业机械化程度不高，大多采用手工操作（手工放料，手工取件），操作者在简单、频繁、连续、重复的冲压作业中容易产生疲劳，一旦操作失误，放料不准，模具移位，将有可能发生如冲断手指甚至冲断手掌的重大伤害事故。

2. 冲压加工安全技术

为保护冲压作业人员的人身安全，劳动者应当掌握以下冲压加工安全技术。

(1) 改革传统手工冲压工艺方式，实现机械化、自动化冲压作业，保持人手模外作业。对于大批量生产作业，企业应通过技术改造，设备引进，实行机械化、自动化冲压作业。如采用自动化、多工位冲压机械设备，采用多工位模具与机械化进料装置，采用连续模、复合模等合并工序措施。这些先进工艺技术不仅能保障冲压作业人员的人身安全，而且能大大提高生产效率，提高产品质量。对于小批量、多品种的冲压作业，生产难于实现自动化、机械化，企业也应尽量采取安全辅助工具进料和清料，避免操作人员身体（主要是手）与冲床的冲压部件接触，应改革模具的定位、出件、清理废料等工序，使操作过程更为安全。

(2) 改造冲压设备，提高安全可靠性。目前许多中小型机械加工企业，其冲压设备都较为陈旧，设备的操纵系统、电气控制系统都存在一些不安全因素。企业若继续使用这些设备，应对设备进行技术改造，修复或增加安全装置，确保冲压设备的安全运行，避免因为设备故障造成人员伤亡。

(3) 安装防护装置。由于生产批量过小,在既不能实现自动化,又不能使用安全操作辅助工具的冲压作业中,企业应在设备上安装安全防护装置,以防止由于操作失误造成人身伤害。各种防护装置有各自的特点,使用不当仍然会发生伤害事故。因此,必须弄清各种防护装置的作用,以做到正确使用,保证操作安全。

四、磨削加工安全技术

磨削加工,即利用磨床或砂轮机上的砂轮,对工件表面进行打磨,以去除多余部分,使工件达到规定的尺寸要求或规定的光洁度要求。

磨削加工中的安全事故,主要是由于砂轮破裂,碎片飞出击伤操作人员,造成身体伤害。砂轮破碎,一方面是由于砂轮旋转速度较高,这种高速旋转使砂轮产生较大的离心力,一旦离心力超过砂轮的强度,砂轮就会破裂成碎片,并以极高的速度飞出;另一方面,由于砂轮在磨削加工过程中会产生高温,受高温影响,砂轮也容易出现破碎,碎片飞出,造成伤害事故;同时,还由于砂轮安装不当,使砂轮在加工过程中不断振动,造成砂轮破碎。因此,掌握砂轮安装中的安全技术,严格按磨削加工规定程序操作磨床设备,可以减少砂轮破碎的概率,切实保障磨削加工操作人员的人身安全。

1. 砂轮安装安全技术

(1) 砂轮在安装前,要先经过回转强度试验,检验砂轮的强度。回转检验速度应不低于砂轮安全线速度的1.6倍。

(2) 仔细检查砂轮有无裂纹,一般可用木槌轻轻敲打砂轮片,根据发出的声音来判断砂轮质量。如声音清脆,则说明砂轮完好;如声音哑闷或有其他异常声音,则说明砂轮有裂纹。对有裂纹的砂轮不得安装使用。

(3) 调整砂轮的动平衡,尤其是较大的砂轮。通过动平衡试验,可以减少砂轮在磨削加工时的振动,避免砂轮破裂。如果砂轮不平衡，不仅易发生安全事故，而且也影响加工质量和精度。对于直径在250毫米以上的大砂轮，动平衡尤为重要，每个砂轮都必须经过动平衡试验后，才能安装在磨床上使用。

（4）砂轮的允许线速度应和砂轮机或磨床的转速度相符合；否则，禁止此类砂轮安装使用。

2. 砂轮储存、运输和使用安全技术

（1）在搬运和储存砂轮过程中，不应使砂轮受到强烈的振动和撞击，否则会造成砂轮裂纹、破碎和磕边、缺口等现象，从而给砂轮使用留下安全隐患。

（2）选择不使砂轮受潮、受冻、受高温的地方存放，以确保砂轮强度。以橡胶为结合剂的砂轮要避免与油类接触，以树脂为结合剂的砂轮要避免与碱类接触，以免降低其强度。

（3）砂轮存放期不能太长，以树脂为结合剂的砂轮存放期为1年，以橡胶为结合剂的砂轮存放期为2年。超过存放年限的砂轮，要经过严格检验，确认无问题后方可使用。

（4）磨床或砂轮机必须安装合适的防护罩，以防砂轮突然破裂后飞出碎片伤人。

（5）磨削加工前，应使砂轮空转2分钟左右，观察判断安装是否合理，运转是否正常。磨削加工时，操作者应站在砂轮旋转方向的侧面，防止万一砂轮碎片飞出而受到伤害。

（6）磨刀具的砂轮机应有活动支架，以便根据需要随时调整。一般支架与砂轮的间隙为3毫米。操作者应戴好防护眼镜，以防砂尘和碎屑飞入眼中。

（7）使用手持式电动砂轮，为防止电击事故，一定要安装漏电保护器。

（8）不准用砂轮磨削有色金属、木材、纤维板等。因为这些质材的磨屑极易堵塞砂轮磨面，降低磨削加工效率，磨削时也容易产生打滑、振动和噪声等现象，既影响产品质量，又容易发生安全事故。

(9) 砂轮磨钝后，要由专人负责修正；磨刀具的砂轮出现马蹄状或沟槽时，也应及时修正，以保证磨削效率和操作安全。

(10) 安装砂轮要符合要求。夹持砂轮的单面法兰夹盘盘径应不小于砂轮外径的 1/3，而且两个夹盘盘径必须相对应。砂轮内孔与心轴配合要留有适当的空隙，以免磨削加工时砂轮热膨胀，没有膨胀空间，造成砂轮碎裂。但砂轮内孔与心轴的配合间隙不宜过大，否则砂轮会产生偏斜，失去平衡。固定砂轮螺母，其螺纹应与砂轮旋转方向相反，以免因心轴转动造成螺母松脱，引起安全事故。

(11) 正确选用磨削用量，这既是保证质量和效率的重要因素，又是保证安全的重要手段。首先，砂轮线速度不能超过规定的安全线速度；其次，磨削用量，包括砂轮圆周线速度、工作圆周线速度、纵向进给速度、砂轮横向或垂直进给量等，要选择适当量值。通常磨削加工量是较小的，如果任意加大磨削量，就会损坏砂轮，甚至发生事故。

(12) 砂轮机应装有吸尘装置，以保障操作者不受粉尘危害。吸出的砂粒尘埃要经过净化处理，保持作业环境清洁。

> **想一想**
>
> 机械加工过程中，为什么不能边加工边测量零件尺寸？

第三节　焊接作业安全技术

焊接是指通过适当的物理和化学过程，使两个分离的物体之间产生原子或分子间的结合，从而将两个分离的物体连成一体的工艺方法。

金属焊接则是将分离的金属工件连接成一体的工艺方法。金属焊接包括熔化焊、固相焊和钎焊三种方法。熔化焊可分为气焊、电弧焊和电阻点焊；固相焊可分为冷压焊、爆炸焊、电阻对焊。此外，金属热切割、表面堆焊、喷焊和喷涂等，虽然不属于分离金属的连接，但均是与焊接方法相近或密切相关的金属加工方法，通常也属于焊接作业的研究范畴。

焊接作业安全技术，主要指在金属焊接作业过程中所涉及的人身、设备和生产环境的安全。在焊接作业中，由于焊工要与各种易燃易爆气体、压力容器和电机电器接触；焊接作业要产生大量有毒气体、有害粉尘、弧光辐射、高频电磁场、噪声和射线。这些都是不安全因素，都有可能引起爆炸、火灾、触电、烫伤等安全事故，甚至导致如尘肺、中毒等职业病发生。焊接安全事故不仅危害焊接作业人员的安全与健康，而且还可能使企业财产遭受严重损失。因此，劳动者必须掌握焊接作业中的安全技术，防止焊接中的安全事故发生。

一、气焊与气割作业安全技术

1. 气焊与气割作业

（1）气焊与气割。气焊是利用可燃气体在纯氧中燃烧，使焊丝和母材接头处熔化，形成焊缝，从而将分离的母材连接起来的一种焊接方法。气割则刚好相反，它是利用可燃气体在纯氧中燃烧，使金属在高温下达到熔点，然后借助氧气流剧烈燃烧，并在气流作用下吹出熔渣，从而将金属分离开的一种加工方法。

（2）气焊和气割使用的气体。气焊和气割使用的气体主要有乙炔、液化石油气和氧气三种。

乙炔是一种碳氢化合物，常温常压下是一种无色气体，但有一种特殊的臭味。乙炔是一种可燃气体，在与空气混合并燃烧时，所产生的火焰温度高达2 350摄氏度，在与氧气混合并燃烧时，温度可达3 300摄氏度，高温足以迅速熔化金属。

液化石油气是石油炼制工业的副产品，其主要成分是丙烷，也是一种可燃气体，在与氧气混合燃烧时也能形成高温熔化金属。

氧气是一种无色、无味、无毒的气体，氧气本身不能燃烧，是一种活泼的助燃气体，与可燃物质混合燃烧可以得到高温火焰。

(3) 气焊与气割作业设备。气焊和气割作业设备主要有氧气瓶、乙炔瓶、回火防止器、减压器、焊炬和割炬。氧气瓶是一种储存和运输氧气的高压金属容器，氧气瓶内气压一般为 15 兆帕，搬运时应轻拿轻放。乙炔瓶是一种储存乙炔的容器，瓶内压力也较高，易燃易爆，应当隔离堆放。回火防止器是在气焊或气割作业过程中一旦发生回火时，能切断气源，有效地堵截回火逆气流方向回烧，防止乙炔瓶爆炸的安全装置。减压器是把储存在气瓶内的高压气体减到所需要的工作压力，并保持稳定供气的装置，减压器又分氧气减压器、乙炔减压器，分别用于氧气瓶和乙炔瓶上，两者不能混接混用。

2. 气焊与气割作业安全隐患

气焊与气割所用的乙炔、液化石油气是易燃易爆气体。氧气瓶、乙炔瓶、液化石油气瓶都属于压力容器。在气焊或气割作业时，如焊接设备及安全装置有缺陷，或操作者违反安全操作规程，作业产生的明火及形成的高温极易引起燃烧或爆炸，造成重大安全事故。

在气焊与气割火焰的作用下，尤其是气割时氧气射流的喷射，使火星、熔滴和熔渣四处飞溅，容易造成人员灼烫；较大的火星、熔滴和熔渣能飞到距操作点 5 米以外的地方，易引燃周围易燃易爆物品，造成火灾或爆炸事故。作业人员在高处焊接作业时，还存在从高处坠落的危险，落下的火星也容易引燃地面可燃物品。

气焊的高温火焰还会使被焊金属蒸发成金属烟尘。在焊接铅、铝、铜等有色金属及其他合金时，除产生这些有毒金属蒸气外，焊粉还散发出氯盐和氟盐的燃烧产物。在黄铜的焊接过程中，会产生大量锌蒸气。在焊补操作中，尤其是在密闭容器、管道内进行补焊作业，还会遇到容器或管道内的其他毒物和有害气体的伤害。这些都可能造成焊工中毒。

3. 气焊与气割作业安全技术

为消除安全隐患，预防气焊与气割作业中的安全事故，焊接作业人员应掌握以下安全技术：

(1) 在氧气瓶嘴上安装减压器之前，应用口吹除瓶嘴尘渣，以防尘渣堵塞瓶嘴。严禁使用未装减压器的气瓶。

(2) 乙炔瓶和氧气瓶嘴部及开瓶扳手上均不得沾有油脂，以免油脂吸附灰尘，堵塞瓶嘴。

(3) 乙炔瓶和氧气瓶均应距明火 10 米以上距离放置；乙炔瓶与氧气瓶之间也应保持 7 米以上的安全距离。

(4) 乙炔瓶与焊炬之间应装有可靠的回火防止器。

(5) 乙炔瓶与氧气瓶均应放置在空气流通的地方，但不得将它们放置于烈日下暴晒，也不得靠近火源及其他热源地方放置，以免受热膨胀，发生气瓶爆炸事故。

(6) 使用焊（割）炬前，必须检查焊（割）炬喷射情况，查看是否通畅，能否正常使用。操作时，应先开启焊（割）炬的氧气阀，待氧气喷出后，再开启乙炔阀。同时，用手检验乙炔接口处，看是否有吸引手指的感觉，如有吸力，说明乙炔管道通畅，这时可以将乙炔胶管接于焊（割）炬接口上。

(7) 如在通风不良的地点或在容器内作业时，应先在外面给焊（割）炬点火。

(8) 点火时应先开少许乙炔气，待点燃后迅速调节氧气和乙炔气的气量，并按工作需要选取火焰。停火时应先关闭乙炔气，再关闭氧气，以防引起回火和产生烟灰。

(9) 在易燃易爆生产区域内动火，应按规定办理动火审批手续。

(10) 气焊和电焊在同一地点作业时，氧气瓶应垫上绝缘物，以防止气瓶带电。

二、手工电弧焊作业安全技术

1. 手工电弧焊作业

手工电弧焊是利用焊条与焊件之间的电弧热,使焊条金属与焊件母材熔化形成焊缝,将母材连接起来的一种焊接方法。焊接时,母材为一电极,焊条为另一电极。电弧是在焊条与母材之间的空隙内通过外加电压而引燃。

手工电弧焊使用的设备主要是手工电弧焊机。常用的手工电弧焊机有交流弧焊机、旋转式直流弧焊机和整流式直流弧焊机三种。

2. 手工电弧焊的安全隐患

由于手工电弧焊利用的能源是电,同时电弧在燃烧过程中产生高温和弧光,焊条上的药皮在高温下产生一些有害气体和尘埃,所有这些都是手工电弧焊操作过程中的不安全因素,都可以引起安全事故,造成职业危害。

(1) 触电。手工电弧焊操作者接触电的机会较多。更换焊条时,焊工要直接接触电极;在容器、管道内或金属构件中焊接时,四周都是导体,焊机的空载电压又大于安全电压,如果电气装置或防护用品有缺陷,或者操作者违反操作规程,都有可能发生触电事故。

(2) 弧光和电热伤害。焊接时,电弧产生强烈的可见光和大量不可见的紫外线、红外线,容易灼伤眼睛和皮肤;焊接时,产生的电弧也容易灼伤操作者的手或其他身体部位,如在焊机带负荷情况下操作焊机开关,也可能产生电弧并灼伤手或脸;焊接时,熔化后四处飞溅的金属、丢弃的焊条头、炽热的焊接工件也容易烫伤身体。

(3) 有害物质。焊接作业时,金属母材和焊条药皮在电弧高温作用下会蒸发、冷凝和汽化,并产生大量烟尘;同时,电弧周围的空气在弧光强烈辐射作用下,还会产生臭氧、氮氧化物等有毒气体。如在通风不良的条件下作业,这些有害物质会引起危害健康的多种疾病发生。特别是在化工设备、管道、锅炉、容器和船舱内焊接时,由于作业环境狭小,通风不良,焊接烟尘和有毒气体难以及时排出，在作业场所易形成较高浓度的有害气体层，这些烟尘及有毒气体会对人体造成较大危害。

（4）火灾与爆炸。焊接也容易造成火灾甚至爆炸事故。一是由于焊接热源引起周围易燃物质燃烧，引起火灾；二是由于二次回路通过易燃物质，由于自身发热或接触不良产生火花引起燃烧，造成火灾；三是由于燃料容器、管道焊补时防爆措施不当，引起容器或管道爆炸。

（5）其他伤害。在焊接完毕，清除焊缝熔渣时，由于碎渣飞溅，易刺伤或烫伤眼睛；如焊接工件放置不稳，易倒下造成砸伤；如登高焊接作业，又不加强安全防护，易发生高处坠落事故。

3. 手工电弧焊作业安全技术

从事手工电弧焊作业，应掌握以下安全技术：

（1）在下雨、下雪时，不得进行露天施焊，以免发生触电事故。

（2）在高处作业前，应检查焊接地点下面是否有易燃易爆物品，以防掉落的火花引燃引爆物品；作业时应系好安全带，以免坠落。

（3）不要将焊接电缆放在电焊机上。

（4）横跨道路的焊接电缆必须装在铁管内，以防止电缆被压破漏电。

（5）施焊前，应先检查周围，查看是否有易燃易炸物品。

（6）严禁将焊接电缆与气焊用胶管混缠在一起。

（7）二次电缆不宜过长，一般应根据工作时的具体情况而定。焊接电缆截面积和允许焊接电流值应相互匹配，具体要求见表3—1。

表3—1　　焊接电缆截面积和允许焊接电流

最大焊接电流（安培）	200	300	450	600
焊接电缆截面积（平方毫米）	25	50	70	95

(8) 在施焊过程中，当电焊机发生故障需要检查修理时，必须先切断电源，再进行修理。禁止在通电情况下用手触动电焊机的任何部分，以免发生事故。

(9) 在船舱内焊接作业时，应采取通风措施，应由两个人轮换操作。

(10) 在容器内焊接作业时，应使用胶皮绝缘防护用具，附近应安设一个电源开关，由监护人员专门看管和监护。监护人员要听从焊接操作人员指示，根据指示随时通断电源。

(11) 在焊接作业时，不可将工件拿在手中或用手扶着工件进行焊接。

(12) 连续焊接超过一个小时后，应检查焊机电缆温度。如温度达到 80 摄氏度，必须切断电源，让焊机及电缆冷却下来。

想一想

在焊接作业时，为什么不能将工件拿在手中或用手扶着工件进行焊接作业？

第四节　冶炼及热加工作业安全技术

金属冶炼、铸造、锻造和热处理四项作业，有着共同的工艺特点，即都需要对金属进行加热、加工和热处理，使其达到规定的技术要求。由于有着同样的工艺特点，因此它们存在着一些共同的安全问题，如作业环境温度较高，生产过程中散发着各种有害气体、粉尘和烟雾，生产噪声过大，体力劳动繁重，起重运输工作量大等问题。这些安全问题使作业环境恶化，劳动者极易发生中暑、烫伤、中毒等安全事故，劳动者的生命安全和身体健康受到极大的威胁。因此，应加强冶炼及热加工作业安全技术管理，采取切实有效的安全技术措施，以减少或防止各类安全事故的发生。

一、冶炼作业安全技术

1. 防止中暑

金属冶炼作业的环境温度一般都较高,当环境温度超过34摄氏度时,劳动者易出现中暑现象。如果劳动强度过大,持续劳动时间过长,则中暑发生的可能性更大,严重时还可导致休克。

防止中暑的技术措施,主要是如何降低作业环境的温度。一是合理设计冶炼工艺流程,改进生产设备和操作方法,消除或减少高温、热辐射对人体的影响;二是采用水或导热系数小的材料进行隔热,以减少热量对人体的辐射;三是采用机械通风方式,保持作业场所空气畅通,及时散发作业中产生的热量。此外,保障作业人员的饮水,提供必要的防暑降温药品或专门饮料,也是防止中暑的有效措施。

2. 防止灼烫

在冶炼作业中,如未掌握安全技术,不按规定程序操作,将可能发生钢水或铁水喷溅和爆炸事故,使作业人员身体被灼烫。防止冶炼作业中的灼烫事故发生,主要从以下6个方面加强防范措施:

(1) 冶炼作业人员必须掌握生产技术,熟悉操作规程,严格按工艺流程去操作。

(2) 加强冶炼原料的管理和挑选工作,严防爆炸品、密封容器等物品混入原料并进入炉内。

(3) 定期检查冷却系统,保持系统畅通,控制好冷却水压和水量,以防止水冷却系统强度不够造成钢板烧穿,导致钢水遇水爆炸。

(4) 严格执行热风炉工作制度,防止由于换炉事故造成热风炉爆炸;严格执行从补炉、装炉、熔炼到出钢整个过程的操作规程,避免由于操作不当造成熔炼过程中的喷溅、爆炸事故。

(5) 出钢时,要事先对铁钩、铁水罐、钢水包、地坑和钢锭模进行加热干燥,防止因潮湿引起爆炸事故。

(6) 作业人员要穿戴专用鞋、专用手套、工作服和安全帽，以避免身体与高温工件或工具直接接触。

3. 预防中毒

在冶炼作业中会产生一些废气，这些废气含有较高浓度的一氧化碳，处理不好，容易发生废气中毒事故。有效的预防办法是加强生产现场的通风，及时排出废气；做好废气浓度的监测工作，及时报告废气中一氧化碳浓度，提示人们采取有效措施；做好个人防护工作，戴好呼吸防护用品。

> **想一想**
> 在我们的生活和工作中，还有哪些防止中毒的措施？

二、铸造作业安全技术

1. 铸造作业中的安全隐患

铸造，就是把熔化的金属注入模型中，从而获得成型铸件。铸造作业中，由于环境温度较高，金属处于熔化的状态，在这样的环境中工作，如不掌握安全技术，极易造成重大安全事故。铸造作业中的安全隐患主要有以下7个方面：

(1) 熔化金属中如混有异物或水，易引起爆炸和烫伤事故。

(2) 铸造作业需要大量使用起重运输机械吊运钢水包或铁水罐，频繁的重载吊运很容易发生机械伤害事故。

(3) 铸造作业机械化程度一般都不高，主要靠手工作业完成浇铸，作业中容易发生碰伤和烫伤事故。

(4) 由于在熔化、浇注、落砂等作业过程中，会散发出大量的热量，使作业环境温度增高，容易发生中暑事故。

(5) 在清砂作业时使用的振动落砂机、滚筒和风动工具，会产生较大噪声，易引起操作者职业性耳聋。

(6) 在碾砂、回砂、打箱、落砂作业时，会产生大量粉尘，如果没有防尘措施，操作者容易吸入大量尘粉，患上砂肺病。

(7) 在型芯烘干、熔炼、浇注过程中，有大量油质分解，会散发出丙烯醛蒸气和一氧化碳、二氧化碳等有毒气体，如果没有采取通风措施,这些有毒气体可能引起操作者呼吸道发炎、急性结膜炎。

2. 金属熔化作业安全技术

(1) 修炉作业安全技术。金属熔化主要使用冲天炉,在金属熔化作业前要先进行修炉。

1) 修炉前,要让炉温降至 50 摄氏度以下,要让作业人员戴好安全帽,要有人在外面时刻监护,加料口要设防护网板和修炉标志。

2) 修炉时要使用 12 伏安全照明灯,注意不要掉落到炉底。作业时要注意预防炉衬塌落击伤头部,打炉渣时要防止飞出的炉渣碎块击伤眼睛和脸部。

3) 注意预防煤气中毒及其他机械伤害,不许向炉内鼓风,炉上风眼应全部打开。

(2) 点火加料作业安全技术。

1) 点火前要先加底焦,底焦要小心轻放。

2) 加好底焦后,要将冲天炉全部风口及出铁口、出渣口打开,然后才可以点火,这样可以防止一氧化碳中毒。

3) 加料时,必须先检查加料机械各部件是否坚固灵活,检查运料路线两边是否有栅栏隔离,以防行人穿越或靠近装料机。

4) 装料机运行时,应装设警告牌或打开红色警灯。

5) 冲天炉加料口应比加料台高 0.5 米,加料台要保持整齐清洁。

6) 称料时,要仔细检查,防止爆炸物混入炉内。

(3) 鼓风熔化作业安全技术。

1) 鼓风熔化作业时,操作者应戴上防护眼镜,站在风嘴侧面进行监视。

2) 如发现炉壳烧红,要停止加料,并停止送风,严禁向炉壳浇水冷却。

3) 如发现炉壳烧红面积大于 75 平方厘米时,可采取向炉壳吹风的方式对炉壳进行冷却。

(4) 出铁出渣作业安全技术。

1) 出铁出渣时，冲天炉周围不许有任何水分和潮气存在，特别是出铁坑和出渣槽，要保持十分干燥。

2) 如出铁坑或出渣槽内有积水，必须先排净积水，再铺上适当厚度的干砂。

3) 所有出铁出渣用工具都必须先烘干，必须抹上涂料。

(5) 停风打炉作业安全技术。

1) 停风打炉时，地面必须铺上干砂，以保持干燥，四周不得站人，操作者应站在上风侧。

2) 打炉后，迅速将红热铁块及焦炭取出。

3) 不准用水喷灭焦炭，以免引起煤气退回冲天炉而引发炉膛爆炸。

(6) 使用电炉作业安全技术。生产铸钢件广泛使用的熔炼设备是电炉，其安全操作技术包括：

1) 出炉时，电熔化炉的倾斜度不得超过45度；扒渣时，电熔化炉的倾斜度不得超过20度。为此，电熔化炉应装设倾斜度限制器，倾炉蜗杆传动机构应能自锁。

2) 电熔化炉加料口框架和电极座，应装有水冷却循环装置，冷却水的回水温度不得超过45摄氏度。电熔化炉高压部分，应设在专门的操纵室内。对电熔化炉的烟尘，可采取炉外排烟和炉内排烟措施，将烟尘排出。

3. 金属浇注作业安全技术

金属浇注的主要工具是浇包，浇包内盛有高温金属熔液，操作中有一定的危险性，操作人员要十分注意安全。

(1) 浇包应装设安全装置。

1) 浇注时，浇包内盛满铁水，要求浇包的转轴要有安全装置，以防浇包意外倾斜，铁水流出。

2) 盛满铁水的浇包，其重心要比转轴低100毫米以上。

3) 容量大于 500 千克的浇包，必须装有转动装置并能自锁。浇包转动装置要设防护壳，以防飞溅金属进入而卡住。

（2）浇包应定期检查和试验。

1) 吊车式浇包至少每半年检查并试验一次；手抬式浇包每两个月检查并试验一次。

2) 检查前要清除污垢、锈斑、油污。

3) 吊车式浇包须做外观检查与静力试验，重点部位是加固圈、吊包轴、拉杆、大架、吊环及倾转机构，特别重要的部位须用放大镜仔细检查。浇包的静力试验方法是将浇包吊至最小高度，试验负荷为该浇包最大工作负荷的 125%，持续 15 分钟；手抬式浇包试验负荷等于其最大工作负荷的 150%。经过检查、试验的浇包，如未发现其他缺陷及永久变形，即为合格。

4) 如发现零件有裂纹、裂口、弯曲、焊缝与螺栓连接不良、铆钉连接不可靠等，均需拆换或修理。

（3）浇包内铁水量应适度。浇包使用前要先烘干，浇包内装盛的铁水液面高度应不超过浇包高度的 7/8。使用手抬式铁水包时，每人负载不应超过 30 千克。

（4）浇包吊运应安全操作。

1) 起吊前应检查浇包压铁是否压牢，螺栓卡子是否卡紧；应检查浇包吊运通道是否有障碍，宽度是否达到 3 米。

2) 浇包吊运要走环形路线。

3) 人工抬浇包时，行走步调要协调一致，抬运时应将浇口朝外。

（5）浇注作业时应严格遵守安全操作规程。

1) 浇注使用的火钳、铁棒、火钩和添加剂须先预热。

2) 用吊车进行浇注时，司机和吊车指挥员要遵守吊车移动信号，动作要平衡，吊运铁水浇包起吊高度离地面应不大于 200 毫米。

3) 浇注作业时，浇包应尽量靠近浇口圈，防止铁水浇在压铁或地面上。

4) 砂箱高度高于0.7米时,应挖地坑。

5) 浇注大砂型时,必须注意底部通气,喷出的一氧化碳要引火烧掉。

> **想一想**
> 冶炼及热处理作业易发生烫伤事故,归纳总结各种预防烫伤的安全技术,相互交流。

6) 浇剩的金属液只准倒入锭模及砂型中。倒入前,锭模要预热到150~200摄氏度,砂坑要干燥。

三、锻造作业安全技术

1. 锻造作业及安全隐患

锻造,即通过机械压力使加热的金属材料变形,将其制成各种形状的工具、零件或毛坯件。

锻造作业需要使用加热设备,如火焰炉、电炉等。这些加热设备和灼热的工件会辐射大量的热能,使作业环境温度增高,容易造成作业人员中暑;火焰炉会产生大量的炉渣、烟尘和有毒气体,如作业场地通风净化工作没有做好,将会污染工作环境,恶化劳动条件,引起职业伤害事故。锻造作业需要使用各种压力机,这些压力机对工件施加巨大的冲击载荷,如操作不当,容易造成设备损坏和发生人身伤害的事故;同时,压力机在工作时会产生较大的振动和噪声,影响操作人员的神经系统,增加发生事故的可能性。锻造作业中使用的辅助设备工具,如手工锻和自由锻工具夹钳等,在作业时,如摆放不当或由于工具本身有问题,也容易造成工件飞脱、伤害人员的事故。

2. 锻造作业安全技术

锻造作业的安全技术主要有以下6个方面:

(1) 锻造作业人员必须经过专门培训,经考核合格并取得上岗证后,方能独立从事锻造作业。否则,这些锻造人员不得单独操作锻压设备和加热设备。

(2) 锻造作业人员应掌握一定的锻压设备保养知识，应定期保养设备，使设备处于完好状态。

(3) 锻压设备运转部分，如带轮、传动带、齿轮等部位，均应设置安全防护罩；水压机应装设安全阀、自动停车装置和启动装置；蓄压器、导管和水压缸应有独立的压力表；动力稳压器应装有安全阀。

(4) 操作人员应熟悉操作规程并严格执行，以防煤气中毒、灼伤、烤伤和电炉触电等事故发生。

(5) 操作人员在开始工作前应穿戴好个人防护用品，以减少辐射热以及灼热的金属料头和飞出的金属氧化皮对人体的伤害。

(6) 在锻造作业中，操作人员应集中精力、相互配合；要注意选择安全操作位置，躲开作业危险方向（如切料时，身体要避开料头飞出方向）；握钳和站立姿势要正确，钳把不能正对或抵住腹部；司锤人员要按掌钳人员的指令准确司锤；锤击时，第一锤要轻打，等工具和锻件接触稳定后方可重击；锻件过冷或过薄、未放在锤中心、未放稳或有其他危险时均不得锤击，以免损坏设备、模具和震伤手臂，避免锻件飞出，造成伤人事故；严禁擅自落锤和打空锤；不准用手或脚去清除砧面上的氧化皮，不准用手去触摸锻件；烧红的坯料和锻好的锻件不准乱扔，以免烫伤别人。

> **想一想**
> 锻造作业人员应穿戴哪些防护用品？

四、热处理作业安全技术

1. 热处理作业及安全隐患

为了使各种机械零件和加工工具获得良好的使用性能，或者为了使各种金属材料便于加工，常常需要改变它们的物理、化学和力学性能，如磁性、抗腐蚀性、抗高温氧化性、强度、硬度、塑性和韧性等。这就需要在机械加工中通过一定温度的加热、一定时间的保温或一定速度的冷却，来改变金属及合金的内部金相结构，以期改变金属及合金的物理、化学和机械性能，这种方法称为热处理。

热处理作业，需要使用加热炉将工件加热到一定的温度，操作人员在工作中需要与加热设备和金属工件接触，这就容易发生操作人员灼伤事故。因此，热处理中的安全技术主要是如何防止被灼伤。

2. 热处理作业安全技术

(1) 操作前，首先要熟悉热处理工艺规程和所要使用的热处理设备特点。

(2) 操作时，必须穿戴好必要的防护用品，如工作服、手套、防护眼镜等。

(3) 在加热设备和冷却设备之间，不得放置任何妨碍操作的物品。

(4) 混合渗碳剂、喷砂等应在单独的房间中进行，房间应设置足够的通风设备。

(5) 设备危险区（如电炉的电源引线、汇流条、导电杆和传动机构等），应当用铁丝网、栅栏、挡板等加以隔离。

(6) 热处理用全部工具应当放置有序，不许使用残裂的、不合适的工具。

(7) 车间的出入口和车间内的通路，应当通畅无阻。在重油炉的喷嘴及煤气炉的烧嘴附近，应当设置灭火砂箱；车间内应放置灭火器。

(8) 经过热处理的工件，不要用手去摸，以免造成灼伤。

3. 热处理设备与工艺安全技术

(1) 应经常对重油炉进行检查，油管和空气管不得漏油、漏气，炉底不应存有重油。如发现油炉工作不正常，必须立即停止燃烧。油炉燃烧时不要站在炉口，以免火焰灼伤身体。如果发生突然停止输送空气，应迅速关闭重油输送管。为了保证操作安全，在打开重油喷嘴时，应先放出蒸汽或压缩空气，然后再放出重油；关闭喷嘴时，则应先关闭重油的输送管，然后再关闭蒸汽或压缩空气的输送管。

（2）各种电阻炉在使用前，需检查其电源接头和电源线的绝缘是否良好，要经常注意检查启闭炉门自动断电装置是否良好，以及配电柜上的红绿灯工作是否正常。

无氧化加热炉所使用的液化气体，是以压缩液体状态储存于气瓶内的，气瓶的环境温度不许超过45摄氏度。液化气是易燃气体，使用时必须保证管路的气密性，以防发生火灾和冻伤事故。由于无氧化加热的吸热气体中一氧化碳的含量较高，因此，在使用时要特别注意保证室内良好通风，并经常检查管路的密封性。当炉温低于760摄氏度或可燃气体与空气达到一定的混合比时，就有爆炸的可能，为此在通气启动与停炉时更应注意安全操作，最可靠的办法是在通气及停炉前用氮气、二氧化碳或惰性气体吹扫炉膛及炉前室一次。

（3）操作盐浴炉时，应注意在电极式盐浴炉电极上不得放置任何金属物品，以免变压器发生短路。工作前应检查通风机的运转和排气管道是否畅通，同时检查坩埚内溶盐液面的高低，液面一般不能超过坩埚容积的3/4。电极式盐浴炉在工作过程中会有很多氧化物沉积在炉膛底部，这些具有导电性能的物质必须定期清除。

使用硝盐炉时，应注意硝盐超过一定温度会发生着火和爆炸事故。因此，硝盐的温度不应超过允许的最高工作温度。另外，应特别注意硝盐溶液中不得混入木炭、木屑、炭黑、油和其他有机物质，以免硝盐与炭结合形成爆炸性物质，而引起爆炸事故。

（4）进行液体氰化时，要特别注意防止氰化物中毒。

（5）进行高频电流感应加热操作时，应特别注意防止触电。操作间的地板应铺设胶皮垫，并注意防止冷却水洒漏在地板和其他地方。

（6）进行镁合金热处理时，应特别注意防止炉子"跑温"而引起镁合金燃烧。当发生镁合金着火时，应立即用熔炼合金的熔剂（50%氯化镁＋25%氯化钾＋25%氯化钠熔化混合后碾碎）撒盖在镁合金上加以扑灭，或者用专门用于扑灭镁火的药粉灭火器加以扑灭；在任何情况下，都绝对不能用水或其他普通灭火器来扑灭，否则将引起更为严重的火灾事故。

（7）进行油中淬火时，应注意采取一些冷却措施，使淬火油槽的温度控制在80摄氏度以下；大型工件进行油中淬火更应特别注意。大型油槽应设置防事故回油池，为了保持油的清洁和防止火灾，油槽应装槽盖。

（8）矫正工件的工作场地位置应适当，防止工件折断崩出伤人；必要时，应在适当位置装设安全挡板。

（9）无通气孔的空心工件，不允许在盐浴中加热，以免发生爆炸。有盲孔的工件在盐浴中加热时，孔口不得朝下，以免气体膨胀将盐液溅出伤人。管状工件淬火时，管口不应朝向自己或他人。

想一想

从安全角度考虑，为什么在热处理设备和冷却设备之间不得放置任何障碍物品？

第五节　电气作业安全技术

电能是现代生产和生活中使用最为普遍的能源。在生产和生活中，电能又对人类构成了一定的安全威胁，如触电会造成人员伤亡，电气事故会毁损设备，甚至造成火灾。常见的电气事故有触电、雷击、静电危害、电磁场危害、电气火灾、电气爆炸等。其中，触电事故又是最常见、最普遍的电气作业安全事故。电气作业安全技术是指人类为减少甚至消除电气事故，保证人身安全所采用的各种技术措施的总称。

一、电流对人体的伤害

1. 电流对人体伤害的三种类型

电气作业中,电流对人体的伤害是主要的电气作业安全事故。电流对人体的伤害主要有电击、电伤、电磁场三种形式的伤害。电击是指电流通过人体,破坏人的心脏、肺及神经系统的正常功能;电伤是指电流的热效应、化学效应或机械效应对人体的伤害,如电弧烧伤、熔化金属溅出烫伤等;电磁场伤害是指在高频电磁场的作用下,人出现头晕、乏力、记忆力减退、失眠、多梦等神经系统的病症。

2. 电流对人体伤害程度的相关因素

电流对人体的危害程度与下列因素有关:

(1) 流经人体的电流强度。电流越强,危害就越大。

(2) 电流通经人体的持续时间。时间越长,其危害越大。

(3) 电流通经人体的途径。一般来讲,当电流通过人体的心脏、肺部和中枢神经系统时,其危险性较大,其中尤以电流流经心脏的危险性为最大。

(4) 电流的频率。一般电气设备都采用 50 赫兹的交流电,这样的频率对人体来讲是最危险的。

(5) 人体的健康状况。对患有心脏病、神经系统疾病和结核病的人,受电击伤害的程度都比较重。

3. 人体触电的主要形式

人体触电的主要形式有以下四种:

(1) 低压单相触电,即在地面或其他接地导体上,人体的某一部位触及一相带电体,从而造成的触电。大部分触电事故都是单相触电事故。

(2) 低压两相触电,即人体两处同时触及两相带电体的触电事故。这种触电的危险性较大。

(3) 跨步电压触电,即当带电体接地,有电流从带电体流入地下时,电流在接地点周围土壤中产生电压降,人在接地点周围，两脚之间出现电压而引起的触电事故。高压故障接地处或有大电流流过的接地装置附近，都可能出现较高的跨步电压。在雷雨天，要距离高压电杆、铁塔、避雷针的接地导线20米以外，以免发生跨步电压触电。

（4）高压电击，即对于1 000伏以上的高压电气设备，当人体过分接近它时，高压电能将空气击穿，使电流通过人体。

二、电气作业安全技术

要减少电气作业安全事故，就要掌握和使用安全技术，预防触电事故的发生。这些安全技术主要包括采用安全电压，保证电气设备的绝缘性能，采取屏护措施，保持安全距离，合理选用电气装置，装设漏电保护装置和保护接地、接零等安全技术。

1. 采用安全电压

安全电压是为防止触电事故而采用的由特定电源供电的电压系列。我国国家标准规定安全电压额定值的等级为42伏、36伏、24伏、12伏、6伏。用电企业可根据不同的工况选取不同的安全电压。采用安全电压能限制人员触电时通过人体的电流大小，保持电流值在安全电流范围内，从而在一定程度上保障了人身安全。

2. 保证电气设备的绝缘性能

所谓绝缘，是用绝缘物将带电导体封闭起来，使之不能被人体触及，从而保证人身安全。常用绝缘材料有瓷、云母、橡胶、胶木、塑料、布、纸、矿物油等。生产中常用绝缘电阻的大小来衡量电气设备的绝缘性能。绝缘材料应有足够的绝缘电阻才能把电气设备的泄漏电流限制在安全范围内，才能防止漏电引起的触电安全事故。不同电压等级的电气设备有不同的绝缘电阻要求，企业要定期测定绝缘电阻值的大小，查看是否在规定范围内。

此外，电气作业人员还应正确使用绝缘工具，在作业前应检查工具上的绝缘层是否有破损，应戴好绝缘手套，穿好绝缘鞋，人体应站在绝缘板上。在作业中应注意抓握绝缘工具的正确方式，如需移拿行灯，应手握行灯绝缘手柄。

3. 保证安全距离

所谓电气安全距离，是指人体、物体等接近带电体不会发生危险的距离。为了防止人体触及和接近带电体，为了避免车辆或其他工具碰撞或过分接近带电体，为了防止火灾、过电压放电和各种短路事故，在带电体与地面之间、带电体与带电体之间、带电体与人体之间、带电体与其他设施和设备之间，均应保持安全距离。安全距离的大小由电压的高低、设备的类型及安装方式等因素决定。

4. 合理选用电气装置

合理选用电气装置，是减少触电事故和火灾爆炸事故的重要措施。选择电气设备，主要根据周围环境需要来决定。如在干燥少尘的环境中，可采用开启式或封闭式电气设备；在潮湿和多尘的环境中则应采用封闭式电气设备；在有腐蚀性气体的环境中，也必须采用封闭式电气设备；在有易燃易爆危险的环境中，必须采用防爆式电气设备。

5. 装设漏电保护装置

漏电保护器是一种在设备及线路漏电时，保证人身和设备安全的装置。其作用主要是防止由于漏电引起的人身触电，防止由于漏电引起设备火灾，监视、切除电源一相接地故障。

6. 保护接地与接零

保护接地是把用电设备的金属外壳与接地体连接起来，使用电设备与大地紧密连通。在电源为三相三线制中性点不直接接地或单相制的电力系统中，应设保护接地线。

保护接零是把电气设备在正常情况下不带电的金属部分与电网的零线紧密地连接起来。在电源为三相四线制变压器中性点直接接地的电力系统中，应采用保护接零。

7. 养成良好的电气作业习惯

（1）不要随意乱动电气设备，如发现电气设备故障，应请电工维修，自己不要擅自修理。

（2）对自己常用的配电箱、配电板、刀开关、按钮开关、插座等用电设施，要保持完好，不得有破损。

（3）不得将重物压在导线上，以防轧断导线造成触电事故。

（4）如需移动电气设备，应先关上电源，待电气设备停止运行后再移动。

（5）打扫卫生、擦拭设备时，严禁用水冲洗或用湿布去擦拭电气设备，以防发生短路和触电事故。

> **想一想**
>
> 在我们的工作和生活中，还采用了哪些防止触电的安全措施？请一一举出并与同学交流。

提示：电钻插头一般是三相，其中一相是接零插头相。在作业时，一定要用三相插头接三相插孔。但有时，墙面只有二相插孔，作业人员为了省事，就用三相插头去接二相插孔。这样就失去了接零保护，容易造成人员触电事故。

第六节　建筑施工作业安全技术

建筑施工作业与其他作业有所不同，有其自身的作业特征。建筑施工作业多数在露天场所，受环境、气候影响较大；不同建筑项目，其图样和施工方案不同，参与的施工作业人员也在不断地调整和变更；建筑施工作业涉及面广，需要高处作业、电气作业、起重作业、机械加工作业等多项作业的配合；建筑施工用设施往往是根据现场需要临时制作或搭建，这些临时设施不易保证质量。这些与其他行业不同的作业特征，也形成了建筑施工作业中与众不同的安全问题，这些安全问题主要集中在三大方面：一是作业人员从高处坠落事故；二是作业人员被掉落物品打击事故；三是施工设施垮塌和施工工地坍塌事故。有效解决建筑施工中的安全问题，防止这些安全事故的发生，是建筑施工作业安全技术的重点。

一、建筑施工作业管理工作中的安全技术

建筑施工作业，应做好安全管理工作，做好安全事故预防措施，这样可以减少各种建筑安全事故的发生。

（1）建筑施工人员应认真学习国家《建筑安装工程安全技术规程》的各项规定，熟悉并掌握自己所从事工种的安全技术操作规程。

（2）在施工作业之前，应编制施工组织设计图，明确建筑施工人员、安全管理人员、现场监理人员的数量、姓名、责任；应做好施工现场平面布置图，各种附属设施的搭建、建筑机械的安装、运输道路、上下水道、电力网、蒸汽管道和其他临时工程的位置，都需在施工现场平面布置图中给予合理安排，做到既安全文明，又合理利用平面和空间。

（3）施工现场周围要设栅栏，有悬崖、陡坡等危险地区应设栅栏或警戒标志，夜间要设置红灯，防止有人误入，发生危险。要张贴标志或悬挂标志牌。施工现场地面应平整，沟、坑应填平或设置盖板。

（4）现场施工作业人员应使用安全"三宝"（即安全帽、安全带、安全网）。任何人员进入施工现场必须戴上安全帽。

（5）施工现场的一切机械、电气设备，其安全防护装置要齐全可靠。

（6）塔吊设备必须有限位保险装置，不准"带病"运转，不准超负荷作业，不准在运转中维修保养。

（7）施工现场内一般不准架设高压线。如确需架设高压线，应使高压线与建筑物及工作地点保持足够的安全距离。工地内架设电线线路，必须符合有关规定，电气设备必须全部接零或接地。

（8）电动机械及电动工具都要安装漏电保护装置。

（9）脚手架材料及脚手架的搭设，必须符合"安全规程"

要求。

(10) 各种缆风绳及其设置,必须符合"安全规程"要求。

(11) 建筑施工的楼梯口、电梯口、预留洞口、通道口、上料口,必须有防护措施。

(12) 严禁赤脚、穿高跟鞋或拖鞋进入施工现场,高空作业不准穿硬底和带钉易滑的鞋、靴。

(13) 施工中必备的炸药、雷管、油漆、氧气等危险品,应按国家规定妥善保管。

(14) 自然光线不足的工作地点或夜间施工,应设置足够的照明设施;在坑道、隧道或沉箱中施工,除应有常用的照明电灯外,还应有独立电源供电的照明设施。

(15) 寒冷地区冬季施工,应在施工地区附近设置有取暖设施的休息室。施工现场和施工休息室的一切取暖、保暖措施,都应符合防火和安全卫生要求。

(16) 施工现场一切材料的堆放应保证安全。砂石成方,砖木成垛。预制构件的堆放,大型屋面板一摞不超过6块,小型空心板一摞不超过8块。现场拆除的模板和废料应及时清理并堆放在指定地点。

(17) 建筑施工如面临马路、住宅、厂区,在建筑物的毗邻一侧要随着建筑物的升高而加设安全立网,防止杂物落下,伤及他人。

(18) 施工现场的道路要尽量减少交叉,而且要宽、直、平,以保证车辆和人员安全通行。

二、土石方作业安全技术

土石方作业,即用机械或人工方法,将泥土挖出并运到指定地点,使地面达到规定的深度和宽度要求。土石方作业中的安全问题主要是防止塌方,作业人员应遵守以下7个方面的安全规定:

(1) 土石方施工作业之前应先对地面进行地质、水文和地下设备（如天然气管道、电缆等）的勘察，根据勘察情况制定或调整土石方施工作业方案。

（2）挖地基、井坑时，应视土壤的性质、湿度和深度，设计安全边坡或固壁支撑。对较为特殊的沟坑施工，必须按专门的设计方案进行土石方开挖。

（3）建筑物旁开挖基槽或深坑，一般不许超过原建筑物的基础深。如必须超过，则应分段进行，每段不得长于2米。挖出的泥土和坑边堆放的料具，必须堆积在坑边0.8米以外，高度不得超过1.5米。

（4）在挖掘作业中如发现不能辨认的挖掘物品，应立即报告上级有关部门，由上级部门指定专业人员进行处理。

（5）挖掘过程中，如发现边坡附近土体出现裂缝、掉土及塌方险情时，应迅速撤离现场，等查明原因并采取有效措施后，才能继续作业。

（6）手工挖掘土石方时，应自上而下进行，不可掏空底脚，以免塌方。在同一坡面上作业时，不得上下同时开挖，也不得上挖下运。为了避免塌方和保证安全，开挖深度和坡度要符合"安全规定"。

（7）机械挖掘土石方时，应先发出作业信号。在挖掘机推杆旋转范围内，不许进行其他作业。推土机推土时，禁止驶至坑、槽和山坡边缘，以防止推土机下滑，造成翻车事故。推土机推土的最大上坡坡度不得超过25度，最大下坡坡度不得超过35度。

三、高处作业安全技术

高处作业是指在坠落高度基准面2米以上，人员有可能坠落的高处进行的作业。在建筑施工中高处作业占有很大的比重，高空坠落事故也时有发生。高处作业人员应掌握高处作业安全技术，防止坠落事故发生。

（1）从事高处作业的人员必须定期进行体检。体检中如发现作业人员患有心脏病、高血压、贫血症、癫痫病和其他不适合高处作业的病症，不得再从事高处作业。

（2）高处作业人员要按规定穿戴防护用品，如穿软底鞋，戴安全帽。悬空高处作业时，必须系上安全带。

（3）高处作业点下方必须架设安全网。凡无外架防护的施工，必须在高度 4～6 米处架设一层固定的安全网，每隔 4 层楼再架设一道固定的安全网，并同时设一道随墙体逐层上升的安全网。

（4）电梯口、楼梯口、预留洞口和上料口，均要设围栏、盖板或架网；正在施工的建筑物所有出入口，必须搭设板棚或网席棚。

（5）施工过程中，对尚未安装的阳台周边，无边架防护的屋面周边，框架工程楼层周边，脚手架外侧，跑道两侧和卸料台的外侧，都必须设置 1 米高的双层围栏或搭设安全网。

（6）脚手架必须坚固、稳定，能承受允许的最大负载，在各种气候条件下不变形、不倾斜、不摇晃。对高于 10 米以上的脚手架，应在操作层下面增设一层架板或安全网。

（7）在天棚和轻型屋面上操作或行走时，必须先在上面搭设跳板或在下方搭建安全网。

（8）在层高 3.6 米以下的室内作业时，所用的铁凳、木凳及人字梯一定要拴牢固，并设置防滑装置。直梯底部要采取防滑措施，顶端应捆扎牢固或设专人扶梯。

（9）遇恶劣天气，如遇六级以上强风、大雨、大雪、大雾，或温度超过国家规定的户外作业温度时，应停止露天作业。

（10）高处作业时，严禁乱扔任何物料或废品，防止伤及下面作业人员。

四、拆除作业安全技术

对建筑物进行拆除，称拆除工程作业。由于这类建筑物多已危旧，作业地点也较杂乱，因此，在作业中要采取安全防范措施。

(1) 拆除作业之前,先对被拆除物结构强度进行全面详细调查,制定拆除施工方案。

(2) 将建筑物上各种管线切断或迁移。

(3) 在拆除物周围设安全围栏,防止无关人员进入拆除现场。

(4) 有倒塌危险的建筑物要先采取临时加固措施,再进行拆除作业。

(5) 严格遵守拆除方案规定的拆除程序施工,自上而下地进行拆除作业,禁止数层同时拆除,也禁止建筑物室内外同时拆除作业。

(6) 拆除建筑物时,楼板上不准多人同时聚集,也不准集中堆放材料。

(7) 采用推倒拆除法和爆破拆除法时,必须先经设计计算,并制定专项安全技术措施以后再进行推倒拆除或爆破拆除。

> **想一想**
>
> 1. 举出一件建筑施工作业中发生的人员坠落安全事故,分析事故产生的原因,提出应采取的安全措施。
>
> 2. 如何防止施工作业中的坍塌事故、坠落事故以及物体打击事故?

提示: 建筑施工作业,大都在高处作业。作业中严禁乱扔物料,以防伤及下面作业人员。物料只能通过升降机或塔吊运到地面。

第七节　矿山作业安全技术

矿山作业与其他作业相比,具有自己独特的作业特征。一是矿山作业大部分在地下作业,受井下环境限制较多,作业场所一般都较为狭窄、黑暗、潮湿,空气中含有多种有毒气体和粉尘,与地面相比,环境温度和供人正常呼吸所需要的氧气都相差较大;二是矿山作业受自然灾害的威胁较大,金属矿山存在如地压、有毒有害气体和粉尘的危害,煤矿存在冒顶、瓦斯、煤尘、水灾和火灾等危害;三是矿山作业工艺复杂,工种较多,要不断开辟新采区,不断移装设备,不断对采空区进行充填、密闭;四是采矿技术和设备都还比较落后,体力劳动强度较大;五是部分矿山企业不重视技术培训和安全教育,工人技术素质低,安全意识不强。所有这些矿山作业特征,都反映出矿山作业安全隐患更多,矿工面临的安全风险更大,矿山作业更需要加强安全技术的普及。

一、通风、防尘与瓦斯防爆安全技术

1. 矿井通风安全技术

矿井内空气中一般都含有大量的有害气体,如一氧化碳、氮化物、硫化氢等,矿工在井下作业时易造成中毒、窒息等事故。煤矿企业的空气中还含有大量瓦斯及煤尘,如果瓦斯和煤尘达到一定浓度,极易发生瓦斯燃烧爆炸或煤尘燃烧爆炸事故。

为避免人员中毒,防止煤矿瓦斯及煤尘爆炸,矿山企业应采取对矿井实施强制通风的安全技术。通过通风系统使一定量的新鲜空气沿着规定的路线在井下流动,将有害气体排出井外,以降低矿井有毒气体及可燃气体的浓度,使矿井空气达到安全生产要求。

矿井通风安全技术可分为自然通风安全技术或机械通风安全技术两类。自然通风安全技术是利用矿山入风和出风两个井筒中空气柱的重量不同,产生自然压力差,使空气在矿井内自然流动。这种方法风压较小,因此风流量少,且受季节变化影响较大,不易满足矿井通风的安全需要。但通风成本低,通风时间长,可以保持 24 小时连续通风。机械通风是利用动力带动风机运转,向井内强制鼓风,使空气在井内流动,将有害空气排出矿井。采用机械通风是矿山企业普遍采用的通风方法,通风效果好,能有效预防安全事故的发生。

2. 矿山防尘安全技术

矿尘是采掘过程中进入矿内空气中的细散状矿物尘粒的总称。在矿山作业过程中，有大量的矿尘产生，如不采取有效措施，这些矿尘将严重污染作业地点的空气，危害工人健康。

矿山防尘安全技术，可以概括为通风、洒水、密闭、个人防护、管理、改革工艺、检查、教育8项措施，这8项措施又可归纳为以下5个方面：

（1）采取湿式凿岩，坚持湿式作业，严禁干打眼。

（2）喷雾洒水，以降低爆破、装岩、运输等作业时产生的粉尘浓度。

（3）经常用水冲洗岩帮，消除积尘，防止二次扬尘。

（4）净化入风系统的风流，防止含有粉尘的风流被送入工作场地。

（5）做好个人防护，要求井下作业一定要戴好防尘口罩，保护呼吸系统。

在露天开矿作业时，受气候影响，矿尘更易扩散。因此，更要加强防尘措施。开矿作业时，可采取钻机捕尘、电铲注水、电铲潜孔、钻机司机室密闭、地面洒水等防尘技术措施。

3. 矿井瓦斯防爆安全技术

矿井瓦斯是指各种有毒有害气体的总称，其主要有毒有害气体是沼气（甲烷），约占瓦斯总量的90%。沼气无色无味，不易被人体感知，只能靠专用仪器检测。瓦斯易燃易爆，当它和空气混合浓度达5%～16%时，遇到火源能引起燃烧或爆炸。当瓦斯浓度达到57%时，矿井中的氧气浓度将降到9%，可使人窒息死亡。因此，作业人员要利用瓦斯检测仪器随时检测矿井中的瓦斯浓度，并根据浓度情况及时采取有效安全措施（如增加通风量、停止开采作业、及时疏散作业人员等），以防止由于瓦斯浓度过高引起中毒和窒息事故，防止瓦斯燃烧或爆炸事故。

二、预防冒顶安全技术

井下作业要加强顶板管理，注意预防顶板事故发生。在矿山开采中，要控制矿山采掘工作面帮顶压力，防止发生冒顶和片帮。由于煤矿的顶板大多由页岩、砂质页岩、石灰岩和砂岩等组成，稳固性差，极易发生冒顶，生产过程中必须对顶板进行支护。冶金矿山的围岩大都由花岗岩、石英岩等坚固岩石组成，稳固性较好，一般情况下不需支护。

预防冒顶事故发生，一般可以采取以下 4 个方面的安全技术。

1. 工作面要有足够的支护密度

为保证工作面的支护密度，加强工作面的总支撑力，要按照有关规程规定，严格掌握空顶之间的距离、支撑物的质量以及生产过程的合理性。

2. 建立顶板分级管理制度

顶板鉴定分级后，在设计、回采方案、支护、爆破、检查等方面，都要按照顶板级别的不同，采取相应的管理措施。

3. 经常检查处理浮石

冒顶是由于浮石突然冒落所引起的。因此，做好浮石的检查和处理工作非常重要。矿山生产一般都规定，在进入作业面作业之前，要先进行敲帮问顶，及时、细致检查浮石情况，并采取相应的措施，防止冒顶事故发生。

4. 加强工作面的推进程度

顶板下沉量与工作面推进速度关系较大。工作面推进速度快，顶板下沉量就小，木支柱断梁折柱就少，作用在金属支柱上的压力就小；反之，情况则相反。因此，采取有效的技术组织措施，加快工作面的推进速度，是防止冒顶的一个有效措施。

三、爆破作业安全技术

爆破作业是矿山作业中的一项重要而危险的工作。由于爆破工作接触的是炸药、雷管、导火线等易燃易爆危险品，所以爆破安全具有特殊的重要性。一旦爆破人员不按操作规程实施，违反安全规定爆破，将可能造成重大安全事故。

1. 矿用炸药和起爆器材安全管理

矿用炸药主要是硝酸铵炸药，起爆器材主要有起爆炸药、雷管、导爆索、导爆管、导火索。爆破材料是极易爆炸的物品，在运输、储存和使用过程中要严格按照有关规定妥善管理，严禁爆破材料接近火源，严防挤压、撞击、摩擦和丢失爆破材料。

2. 爆破作业安全技术

（1）爆破人员应先经过培训并取得《爆破操作证》，方能从事爆破作业工作。

（2）爆破前应做好以下准备：一是设置爆破警戒线和放炮标志；二是撤出危险区内的设备和人员；三是露天爆破作业前要选择晴好天气；四是制定安全方面的应急措施，一旦发生险情，应采取有效措施加以排除。

（3）检查炮孔位置是否准确，有无堵孔、卡孔等现象，炮孔内是否有积水。

（4）确定爆破安全距离。包括地震安全距离、冲击波安全距离和飞石安全距离。应根据实际，合理选择计算公式，经计算后确定爆破安全距离，不可随意估算。

（5）排除炮烟，防止中毒。尤其是井下爆破，炮烟不易排出，对井下作业人员危害更大。应通过机械通风装置，及时排除炮烟。

（6）妥善处理爆破异常情况。放炮中的异常情况主要包括残爆、爆燃、缓爆、早爆、瞎炮。为了预防事故发生，一方面在作业之前要认真检查炸药质量，确认无变质和失效后，采取正确的装药方法，使用合格的起爆工具，严格按照操作规程作业；另一方面，在爆破中出现上述异常情况，要有组织地进行处理，并采取相应的安全措施。

四、防水和防火安全技术

矿山井下作业，易发生火灾和水灾等安全事故。这些事故一旦发生，将造成重大生命财产损失。因此，加强矿山防水和防火安全工作十分重要。

1. 矿山防水安全技术

矿山井下水灾事故发生有其客观原因，也有其主观原因。客观原因主要是矿井所处的复杂地质、水文条件，易造成矿井透水事故。主观原因主要是采矿方法不当，如采取崩落法开采，采空区上部地表会产生沉降和裂隙，形成塌陷区，导致降水和地表水进入矿井。

防止矿井水灾，企业应采取以下技术措施：

（1）摸清情况，详细掌握矿井有关水文地质资料及旧矿、采空区平面图，了解含水层和老塘积水情况。

（2）提前探水，先探水后掘井，在探明水情后，先采取措施进行安全放水。

（3）留安全防水煤柱。

（4）设置防水闸门，在巷道内为防止可能发生的透水事故，设置必要的防水闸门。

2. 矿山防火安全技术

矿山火灾，一方面可能是由矿山某些可燃物质在一定环境和条件下自燃引起的；另一方面也可能是由明火引起的，如吸烟、放炮着火、短路、瓦斯爆炸等引发明火。

防止矿山火灾，主要是预防明火引起的火灾，通常采取的措施包括采用不燃性支架、设置防火门、建立消防仓库和设置消防器材、设置消防水池和火灾信号装置等。

五、矿山提升与运输作业安全技术

矿山提升与运输是采矿作业的重要内容，操作不当也会造成安全事故。

1. 提升系统

一般由提升机、钢丝绳、提升容器、天轮、井架、罐道及辅助设备组成。为防止提升设备发生断绳、跑车、过卷或大型物体坠入井筒等事故，要求必须有设备保护装置，包括防止过卷装置、防止过速装置、过电流或无电压保护装置、速度限制器、防止闸瓦过度磨损的保护装置。

2. 运输设备

运输设备安全正常运行,是保证矿山正常生产的重要前提,正确使用各种运输设备,加强维护和管理,是确保运输生产安全的重要手段。目前,我国矿山井下运输的主要形式为轨道式,多数矿山主要采用各种类型的电机车运输。

为做好运输安全工作,在有爆炸危险的回风通道中,禁止使用架线式电机车;在高硫和有自然发火的矿井,蓄电池电机车的电气部分应采用防爆设备;为防止矿车跑车、掉道、

> **想一想**
>
> 举例分析我国近年来发生的煤矿事故的原因,提出防止煤矿事故发生的措施。

跑偏等事故,应经常检查、维修机械设备,教育操作人员不违章操作,不蹬乘矿车。

事例链接

煤矿瓦斯爆炸,造成 162 人死亡

2000 年 9 月 27 日,贵州省水城矿务局木冲沟煤矿发生一起特大瓦斯爆炸事故,造成 162 人死亡,37 人受伤,直接经济损失达 1 227 万元。

事故调查组认为,造成这一重大事故的原因主要为:一是某一回风巷因停电停风造成瓦斯积聚,某一回风巷因积水导致回风不畅,这些因素致使运输巷内瓦斯浓度增高;二是现场人员违章拆卸矿灯引起火花,造成瓦斯爆炸,进而导致煤尘参与爆炸。

这场事故暴露了该矿在安全生产中存在的问题:采掘作业过于集中,采区生产布局不合理,造成通风系统不合理;违反《煤

矿安全规程》，超通风能力组织生产，违章排放瓦斯，并且矿山救护队员作业时未戴呼吸器；该矿"一通三防"（通风、防瓦斯、防火、防水）管理混乱，安全生产规章制度不健全、不落实，职工由于缺乏安全培训，不具备起码的安全常识，在井下拆卸矿灯。

想一想

作为煤矿工人，应该从中吸取哪些教训？

第八节　机动车驾驶安全技术

机动车一般指由动力装置驱动的车辆。它区别于人力车、畜力车，具有速度快、载重量大、机动性强等特点。机动车一般包括汽车、摩托车、拖拉机、工程车辆，也包括企业内物资材料运送的车辆，如电瓶车、铲车、叉车、装载车等特种车辆。在安全事故中，机动车造成的安全事故最多，造成的损失和人员伤亡也最大，其危害程度往往更大于其他安全事故。学习机动车驾驶安全技术，减少安全事故发生，既有利于保护驾驶人员生命安全，也有利于行人及财产安全。

一、企业内机动车驾驶安全技术

1. 企业内机动车辆类型

企业内机动车辆是指专用于企业内部物资运输、装卸或机动作业的车辆，这些车辆主要在企业生产经营场所或作业范围内运行。企业内机动车辆一般包括电瓶车、叉车、装载车、挖掘机、推土机、自卸车、牵引车、挂车等。

电瓶车靠电驱动，不产生废气，不产生火花，噪声也小，在作业场地（尤其是有易燃易爆物堆放的场地）使用时，较为安全，不会引起火灾，一般作为物料短距离转运工具。

叉车主要用于物流场所、库房、机场、码头，用于装卸、堆放货物。它通过液压系统,升降车铲,以此举升货物或下放货物,完成货物装卸或堆放作业。叉车是一种用途广泛、使用率较高的装卸运输工具。

装载车、挖掘机、推土机、自卸车都是工程机械,主要用于建筑工程、公路桥梁工程、矿山隧道工程等土石方作业,用于挖土开沟,装载、运输、装卸土石。

牵引车和挂车主要用于货物的运输,尤其是大型、重型货物的运输。

> **想一想**
>
> 企业内机动车辆还有哪些?它们都有哪些特殊用途?

2. 企业内机动车辆安全事故

常见的企业内机动车辆安全事故主要有以下 4 类:

(1) 车辆毁损事故。如撞车事故、翻车事故、挤压事故、轧辗事故、擦挂事故等。这些事故发生后,将造成车辆损坏甚至报废。

(2) 车辆运输货物或装卸货物掉落事故。如车装货物垮散、掉落,造成货物毁损,砸伤过往行人,甚至造成交通事故。

(3) 作业人员伤害事故。如作业人员从工作台甩下受伤,作业人员被物件碰撞受伤等。

(4) 机动车辆火灾或爆炸事故。如发动机燃油起火,电瓶电线短路起火燃烧,机动车油箱起火爆炸,机动车碰撞到可燃物引起爆炸或火灾等事故。

3. 企业内机动车辆驾驶安全技术

要减少安全事故,驾驶人员就必须掌握安全驾驶技术,严格执行安全操作规定。企业内机动车驾驶安全技术一般包括以下 8 个方面:

(1) 机动车辆驾驶人员要通过专业培训,掌握驾驶技术,并通过专业考试,取得相应上岗资格证书。无证驾驶是机动车安全的重大隐患,任何非专业驾驶人员,即使会驾驶机动车辆,只要没有经过培训,没有取得驾驶证书,都不能从事企业内机动车驾驶作业。

(2) 驾驶车辆时,一般在厂区道路上行驶时速不要超过 20 千米,出入厂区大门时速不要超过 5 千米。如通过路口,一定要减速并瞭望左右,在没有危险时才能安全通过,这样,可以避免碰撞到过往车辆及行人。机动车不要在铁路专用线上行驶,也不要推车行驶。

(3) 车辆装载货物时,不要超高超宽,也不要超载。货物要堆码整齐有序,要有绳索固定,有篷布覆盖,以免货物垮散并从车上掉下,影响行人或其他车辆安全。载装货物的车辆,其随车人员应坐在安全位置上,不要站在车门踏板上,也不要坐在车厢侧板上或坐在驾驶室顶上,更不要用手吊住车辆把手或门边。车辆装载易燃易爆物品时,物品上严禁人踩,司机及随行人员也不要抽烟,不要使用可能产生火花的物品。

(4) 驾驶叉车时,无论叉车是空载还是重载,其车铲距地面高度都不要小于 300 毫米,但也不要高于 500 毫米。一方面,车铲高一些可以避免车铲与地面凸物发生碰撞,造成安全事故;另一方面车铲不要过高,这样可以降低铲车重心,增加车辆行驶稳定性,避免如翻车、掉落货物等事故。铲车作业时,要严禁任何人站在车铲下面,也要禁止任何人站在车铲的货物上面,避免车铲作业时造成人员伤亡。

(5) 驾驶人员要定期检查机动车辆的安全性能,如车辆的制动性能,车辆的转向性能;要定期检查车辆的电气线路是否有短路现象,是否有松动现象;要定期检查液压系统是否有漏油现象,是否有高压油管老化、破损、接头松脱等安全问题。针对这些安全隐患,及时采取措施,修复到位。必要时,应报主管部门,送维修厂修理。

(6) 机动车驾驶人员要遵守企业安全规定,要遵守操作程序。要做到不酒后驾驶,不疲劳驾驶,不争道、抢道、占道行驶；要做到不闯红灯，严格遵守道路交通法规。做到这些，可以消除更多安全隐患，减少机动车安全事故的发生，有效保障人身及财产安全。

(7) 驾驶人员停止驾驶工作6个月至1年者，如需再从事驾驶工作，应到当地劳动保障部门或其指定单位复试、考核并验证，确认合格后，方能从事驾驶工作；停止驾驶工作时间超过1年以上者，则应重新培训考试，取得新的驾驶职业资格后，方能从事驾驶工作。驾驶人员如超过退休年龄，将不能再从事企业内机动车驾驶工作。

(8) 驾驶人员要按期接受证照审核和复试，以确定驾驶人员的驾驶技能及身体状况是否胜任驾驶工作。要定期学习企业安全知识和安全规定，增强安全意识。

提示：铲车是使用最为广泛的企业内机动车，它具有机动灵活、装载方便、快捷等特点。当车铲上装有货物时（尤其是重载货物或危险物品），应将车铲尽可能降低一些，这样铲车重心低，行驶会更平稳。车铲上严禁站人。

提示：企业内机动车行驶应严格控制在规定速度范围内，以保障安全。这是因为企业内道路不如公路宽大，企业内行人与机动车并未分道行驶，企业内弯道或叉口较多，且随时可能有人或车辆出现。如速度过快，一旦发生危险情况，将来不及刹车，这就容易造成安全事故。

二、汽车驾驶安全技术

汽车主要在公路上行驶，与企业内机动车驾驶相比，汽车行驶速度更快，安全风险更大，交通安全事故更多。要减少安全事故，对驾驶人员来讲，就必须掌握汽车驾驶安全技术，必须遵守交通安全法规，谨慎驾驶，这样才能确保车辆、驾驶人员及货物的安全，减少或避免交通安全事故的发生。

1. 汽车本体安全技术

对于汽车本体，驾驶员要掌握其结构、性能、主要功能，要掌握影响安全驾驶的主要部件、主要因素。

一般来讲,汽车主要包括发动机、底盘、车身三大部分。发动机是汽车的心脏,是车辆的动力装置,直接产生汽车前进驱动力;底盘是汽车的承载部分,汽车各种零部件都装在它的上面,整个车体重量、载货重量也都由它承担;车身主要是用于装载货物或乘客,保障货物或乘客的安全。汽车也可以分为动力系统、转向系统、制动系统、传动系统、悬挂系统五大部分。其中,与汽车本体安全性直接相关的是制动系统和转向系统。

制动系统的功能是在车辆行驶中产生制动力,减慢车辆速度或紧急停车,避开道路障碍,避免碰撞或擦挂。影响制动系统的安全性因素主要有:制动油是否足够,制动总泵、分泵、油路是否有渗漏,制动真空助力器是否有效,刹车片是否过度磨损,四轮制动力是否大小一致、分配均匀。这些因素都可能导致车辆制动力不够,制动距离过长,制动失效,制动时跑偏或侧滑。如发现车辆有这些问题,应停止行驶,立即修理或送汽修厂维修,直到完全合格为止。

转向系统的功能是在车辆行驶中根据路况,改变行驶方向,调整行驶路线,保障车辆安全行驶。影响转向系统安全性的因素主要有:液压助力转向系统漏油,转向横拉杆或直拉杆松脱、断裂,转向器卡死。这些因素都可能导致车辆转向失效,转向力过大。因此,要定期检查液压泵驱动带是否松脱,液压油是否有渗漏现象,拉杆接头是否连接牢固可靠。出现自己难以修复的故障,要及时送维修厂检修。

2. 汽车驾驶安全技术

为保证汽车行驶中的安全,驾驶人员应当掌握以下驾驶安全技术。

(1) 添加燃油安全技术。

1) 加油时,发动机要熄火,驾驶员不要在加油场地抽烟,不要接打手机,避免火星引起火灾发生。

2）汽车应通过油箱、汽油泵、汽油过滤器向发动机供油，不要直接向发动机化油器添加燃油，避免汽油洒落在发动机机体上，引起燃烧。

3）长途行驶时，如需用容器盛油，容器不要放置在驾驶室内。

(2) 维修车辆安全技术。

1）车辆维修中，严禁用汽油擦洗车辆、清洗零部件、烘烤车辆。

2）不要用嘴吮吸或吹通油管及油路零件，以防止中毒和腐蚀皮肤。

3）不要用废弃汽油燃烧取暖。

4）严禁用高压线"吊火"。

5）严禁用短路方式检测电路导线通断情况。

6）调整发电机传动胶带松紧度时，应让发动机处于熄火状态，不要在发动机运转时调整传动胶带松紧度。

(3) 油量检查安全技术。

1）检查油箱的油量时，可以查看油量表，可以用标尺插入油箱来检查。

2）严禁用明火照明油箱去查看油量。

(4) 车辆停放安全技术。

1）车辆应远离火源停放，一般不要停放在坡路上。

2）停车后，应拉好手刹，让变速箱挂在挡位上。

3）如停放在坡路上，且时间长久，应在车轮前面或后面垫放石块，以防止车辆手刹松动失灵，出现车辆下滑事故。

(5) 防火灭火安全技术。

1）当发生汽油着火时，应用灭火器、沙土、麻袋及衣物等器材扑灭，不要浇水，以防止汽油浮到水面上并随水流淌而扩大火势。

2）当发生汽车电线着火时，应立即关闭电源，迅速拆去一根蓄电池导线。

(6) 车辆行驶安全技术。

1) 驾驶人员应自觉遵守交通规程，做到不闯红灯，不压线行驶，不弯道超车，不抢占人行道及其他非机动车道。

2) 严禁超速、超载行驶，严禁酒后驾车，严禁无照行驶。

3. 驾驶员应当树立的安全意识

除掌握驾驶安全技术，驾驶人员还应当树立良好的安全意识，养成良好的安全驾驶行为习惯。

(1) 驾驶车辆时，要随身携带驾驶证件、行驶证件、养路费及保险费缴纳凭据。

(2) 驾驶车辆中，应关好门窗、车厢，不驾驶安全性能不好、安全设施不全和违章装载的车辆，不驾驶与驾驶执照准驾车型不相符的车辆。驾驶中不吸烟、不吃食物、不与他人闲谈、不接打手机。

(3) 不酒后驾驶，不疲劳驾驶，不带病驾驶车辆，不将车辆交给无关人员驾驶。

(4) 严格遵守道路交通安全规则，严格遵守各种安全标志，自觉接受车辆管理部门及安全管理部门的监督和检查。

> **想一想**
>
> 举出一件交通安全事故，分析其发生的原因，这件交通事故对自己在交通安全方面有何启示。

事例链接

云南省巧家县"1.1"特大道路交通事故

2004年1月1日，昆明市东川区新村镇驾驶员李某驾驶一辆卧铺大客车，由昆明向巧家县行驶。在行至距巧家县53千米处，道路系下坡转右弯，冰雪路面。驾驶员由于过度疲劳，车辆在转弯过程中向左跑偏连续撞翻道路左侧三个防护墩后翻下72米的山坡，造成5人当场死亡、8人受伤、车辆严重受损的特大道路交通事故。

分析造成交通事故的原因，一是由于驾驶人员交通安全意识淡薄，在下坡时超速行驶；二是由于司机连续驾驶车辆达8个小时，疲劳驾驶，在驾驶车辆过程中打瞌睡，致使车辆在下坡转右弯过冰雪路面时车辆向左跑偏，造成翻车事故。

想一想

这场事故给了我们哪些警示？

第九节 锅炉操作安全技术

锅炉是生产和生活中广泛使用的一种设备，它主要通过燃烧燃料（如煤、天然气、煤油），为我们提供热能、热水、蒸汽。由于锅炉是在高温下工作，且承受着一定的压力，因此，如操作不当就存在爆炸的危险，就可能造成安全事故。对锅炉的操作，应按规定程序进行，遵守安全操作规程，以减少或避免安全事故的发生。

一、锅炉运行的特点和安全危害

锅炉可分为蒸汽锅炉和热水锅炉两大类。蒸汽锅炉承受着一定的蒸汽压力，危险性更大；热水锅炉主要产生高温热水，热水易烫伤人体，也具有一定的危险性。锅炉按其结构不同，还可以分为立式锅炉、卧式锅炉、水管锅炉。

锅炉在运行时，不仅要承受一定的温度和压力，而且要遭受介质的侵蚀和飞灰的磨损。如果锅炉在设计制造及安装过程中存在缺陷，因维护不当，年久失修，或因管理不善，违反操作规程，都有可能发生设备事故，出现安全问题；严重时，还会发生爆炸事故，给人民生命财产造成巨大损失。

二、锅炉本体安全技术

锅炉本身在设计制造过程中，就应考虑锅炉使用中可能发生的安全问题，就应采取各种设计制造技术措施，防止锅炉爆炸。

(1) 锅炉设计要符合安全可靠要求。锅炉受压元件的强度应按现行的锅炉受压元件强度计算标准进行计算。炉筒或锅壳的壁厚应不小于 6 毫米。

(2) 锅炉结构各部分在运行时应能自由膨胀。锅炉的水循环应保证受热面得到可靠的冷却。

(3) 水管锅炉锅筒的最低安全水位，应能保证对下降管可靠地供水。火管锅炉的最低安全水位，应高于最高火界 100 毫米。

(4) 锅炉上应开设必要的人孔、手孔、检查孔，便于安装、维修和清扫。受压元件的人孔盖、手孔盖应采取内闭式，以免热水或蒸汽喷出伤人。盖的设计结构应能保证衬垫不会被吹出。

(5) 用煤粉、油或气体作燃料的锅炉，应设有在风机电源跳闸时自动切断燃料供应的连锁装置，并应装设点火程序控制和灭火保护装置。在容易爆炸的部位应装设防爆门。防爆门的装置应不致危及人身安全。

(6) 制造锅炉受压元件的金属材料，应是锅炉专用的优质碳素钢或低合金钢，以保证在使用条件下具有规定的力学性能和良好的抗疲劳、耐腐蚀性能。

三、锅炉附件安全技术

锅炉附件主要有安全阀、水位表、压力表等，这些附件主要起指示、保护、卸荷等安全作用，是锅炉运行中必不可少的安全设备，这些附件的安装、使用、校验、维护，也应符合安全技术要求。

(1) 蒸发量每小时大于 0.5 吨的蒸汽锅炉至少应装设 2 个安全阀，以保证过压时的锅炉安全。

(2) 安全阀须垂直地面安装。杠杆式安全阀要有防止重锤自行移动的装置和限制杠杆越出的导架；弹簧式安全阀要有提升手柄和防止随便拧动调整螺丝的装置；静重式安全阀要有防止重片飞脱的装置。

(3) 为防止安全阀的阀芯和阀座黏住，应定期对安全阀进行手动或自动排放试验。

(4) 安全阀每年至少进行一次校验。安全阀经过校验后，应加锁或铅封，严禁用加重物、移动重锤或将阀芯卡死等手段提高安全阀起座压力或使安全阀失效。

(5) 蒸汽锅炉必须装有与锅炉蒸汽空间直接相连接的压力表。在给水管的调节阀前，可分式省煤器出口、过热器出口和主汽阀之间，再热器出进口，也应装压力表。

(6) 压力表装用前应做校验，并在刻度盘上画上红线指出工作压力。装用后每半年至少校验一次。压力表校验后应封印。

(7) 压力表有下列情况应停止使用：

1) 有限止钉的压力表在无压力时，指针转动后不能回到限止钉处；没有限止钉的压力表在无压力时，指针离零位的数值超过压力表规定的允许误差。

2) 表面玻璃破碎或表盘刻度模糊不清。

3) 封印损坏或超过校验有效期限。

4) 表内泄漏或指针跳动。

5) 其他影响压力表准确的缺陷。

(8) 蒸汽锅炉应装两个彼此独立的水位表。水位表应有指示最高与最低安全水位的标志，应有放水阀门和接到安全地点的放水管。蒸汽量大的蒸汽锅炉还应装设高低水位警报器。

(9) 水位表和锅筒之间的汽水连接管应尽可能地短。汽连管应能自动向水位表疏水，水连管应能自动向锅筒疏水，避免形成假水位。

(10) 锅筒、每个下集箱的最低处，都应装排污阀或放水阀。排污管和放水管应尽量减少弯头，保证排污及放水畅通，并接到室外安全的地点。

四、锅炉运行管理安全技术要求

锅炉操作是一项特殊工种。在锅炉运行中，操作人员应严格遵守安全技术规程。

(1) 锅炉房不应设置在人群聚集的地方或其附近，锅炉房应有至少两个出口，出口门应向外开，在锅炉运行期间不能锁住或闩住出口门。

(2) 建立锅炉操作岗位责任制和各项安全管理规章制度，对锅炉操作人员必须进行专门培训，并取得相应的上岗资格证书。

(3) 蒸汽锅炉在运行中出现下列情况应立即停炉：

1) 锅炉水位降到水位最低线。
2) 加大向锅炉给水，但水位仍继续下降。
3) 锅炉水位已升到最高限。
4) 给水机械失效，不能供水。
5) 水位表或安全阀失效。
6) 锅炉元件损坏，危及运行人员安全。
7) 燃烧设备损坏，炉墙倒塌或锅炉构架被烧红，严重威胁锅炉安全运行。
8) 其他异常运行情况，且超过安全运行允许范围。

(4) 热水锅炉运行中出现下列情况应立即停炉：

1) 因循环不良造成炉水汽化。
2) 炉水温度急剧上升，失去控制。
3) 水泵失效，不能给水或保持水循环。
4) 压力表或安全阀失效。
5) 锅炉元件损坏，危及运行人员安全。
6) 补给水泵不断补水，锅炉压力仍然继续下降。
7) 燃烧设备损坏，炉墙倒塌或锅炉构架被烧红，严重威胁锅炉安全运行。
8) 其他异常运行情况，且超过安全运行允许范围。

提示：锅炉是压力容器，具有一定的危险性。司炉操作属于特殊工种，操作人员必须经过专门培训，经考试合格，并取得上岗资格证书后，方能从事该项工作。未经专门培训，没有掌握安全技术，就不能处理各种安全问题，安全事故就有可能发生。

(5) 锅炉每2年进行1次停炉检验，每6年进行1次水压试验。停炉检验的重点在于：

1) 上次检验有缺陷的部位。

2) 锅炉受压元件内外表面。

3) 管壁有无磨损和腐蚀，特别是处于烟气流速较高及吹灰器作用附近的管壁。

4) 铆缝是否严密，有无苛性脆化。

5) 胀口是否严密，管端受胀部分有无环形裂纹。

6) 锅炉的拉撑以及与被拉元件的结合处有无断裂、腐蚀和裂纹。

7) 受压元件有无弯曲、鼓包和过热。

8) 锅筒和砖衬接触处有无腐蚀。

9) 受压元件或锅炉构架有无因砖墙或隔火墙损坏而发生过热。

10) 进水管和排污管与锅筒的接口处有无腐蚀、裂纹，排污阀和排污管连接部分是否牢靠。

11) 安全附件是否灵敏可靠，水位计、安全阀、压力表等与锅炉本体连接的通道是否堵塞。

> **想一想**
> 锅炉附件如安全阀、水位表等在锅炉安全运行中有哪些作用？

12) 自动控制、信号系统及仪表是否灵敏可靠。

13) 锅炉内部的水垢、水渣是否过多。

(6) 锅炉水压试验前，应进行内外部检验，必要时还应做强度核算。不得用水压试验的方法确定锅炉的工作压力。

事例链接

宁波北仑港电厂锅炉爆炸事故

2004年3月17日,浙江省宁波市某电厂一号机组发生一起特大锅炉炉膛爆炸事故,造成23人死亡,8人重伤,16人轻伤,直接经济损失778万元。

经调查,这是一起锅炉设备严重损坏和人员伤亡严重的责任事故。事故原因一是锅炉炉膛设计布置不完善,造成锅炉运行后,锅炉结渣,散热不好;二是锅炉附件未起到安全保护作用,再热气温达不到设计值要求,过热器、再热器管壁严重超温,引起锅炉温度过高,高温下的炉筒难以承受高温高压的热蒸汽,导致炉膛爆炸。

想一想

这起事故给了我们哪些启示?如何避免该类事故的发生?

第十节 压力容器操作安全技术

压力容器,即承受压力的密闭容器。压力容器按其压力大小可分为高压容器、中压容器和低压容器三个等级;按其作用原理可分为反应容器、换热容器、分离容器和储存容器;按其压力高低及危害程度还可分为一类压力容器、二类压力容器和三类压力容器。

压力容器在运行时具有一定的压力,一旦发生爆炸,内部介质突然由原来的工作压力降至大气压力。在此瞬间,介质的体积相应膨胀数百倍乃至上千倍,并释放出大量的能量,造成人员伤亡和财产损失。一些介质如氢氟酸、二氧化硫等还有毒,一旦发生泄漏或爆炸,介质以气态迅速向四周扩散,造成多人中毒事故。一些介质是可燃物质，一旦泄漏，这些物质与空气混合，如遇火源即可导致燃烧或爆炸，造成特大伤亡事故。由此可见，保证压力容器运行中的安全，在安全生产工作中有着重要的意义。

一、压力容器本体安全技术

1. 压力容器设计压力不得低于最高工作压力

装有安全泄放装置的压力容器，其设计压力不得低于安全泄放装置的开启压力或爆破压力。压力容器的设计温度不得低于元件金属可能达到的最高温度。对于在 0 摄氏度以下工作的金属容器，则容器设计温度不得高于元件金属可能达到的最低金属温度。压力容器的壳体和封头的厚度，应按国家标准确定。

2. 压力容器采用的金属材料应有特殊要求

制造压力容器的金属材料，应是压力容器专用的碳素钢或低合金钢，以保证容器在使用条件下具有规定的力学性能和耐腐蚀性能。易燃或有毒介质的容器受压元件不得用沸腾钢制造。Q235-A 钢不得用于制造盛装液化石油气体的容器。

3. 压力容器受压元件的焊接应有特殊要求

（1）焊接作业人员必须考试合格，并取得压力容器焊接操作证。

（2）容器焊缝外形尺寸应符合技术标准的规定和图样的要求，焊缝与母材应圆滑过渡。

（3）容器焊缝或热影响区表面不允许有裂纹、气孔、弧坑和肉眼可见的夹渣等缺陷，焊缝上的熔渣和两侧的飞溅物也必须清除干净。

（4）容器焊缝的局部咬边深度不得大于 0.5 毫米，低温容器焊缝不得有咬边。对于任何咬边缺陷都应进行修磨或焊补磨光，并做表面探伤。经修磨部位的厚度不应小于设计要求的厚度。

4. 压力容器制成后必须进行耐压试验，必要时还要进行气密试验

压力容器的耐压试验一般用水作为介质，试验压力为容器设

计压力的 1.25 倍。气密试验压力与容器的设计压力应相等。试验前应采取可靠的防护措施。在耐压试验过程中，任何人不得接近容器。待试验压力降到设计压力后，方可对容器进行各项检查。

二、压力容器附件安全技术

压力容器的附件主要有安全阀、压力表、液面计、温度计等，这些附件在安全保障方面起着重要作用，附件的安装、使用、维护也必须遵守安全技术要求。

(1) 压力容器应按规定装设安全阀、压力表、液面计、温度计及紧急切断阀等安全附件。在容器运行期间，应对安全附件加强维护与定期校验，经常保持附件齐全、灵敏、可靠。

(2) 以下容器必须装设安全阀和压力指示仪表：

1) 在生产过程中可能因介质发生化学反应使其内压增高的容器。

2) 盛装液化气体的容器。

3) 压力来源处没有安全阀和压力表的容器。

4) 最高工作压力小于压力来源处压力的容器。

提示：由于工作介质黏性大、腐蚀性强、有剧毒等原因，安全阀不能可靠工作时，应装设爆破片代替安全阀，或采用爆破片与安全阀共用的重叠式安全结构。

(3) 安全阀的开启压力不得超过容器的设计压力。如采用系统最高工作压力作为安全阀的开启压力，应复核每个容器在最高工作压力下的强度。安全阀的排气能力必须大于容器的安全泄放量。

(4) 定期检验安全阀，每年至少 1 次。定期更换爆破片，每年至少 1 次。对于超压未爆破的爆破片，应立即更换。

(5) 压力表与容器之间应装设三通旋塞或针形阀，并有开启标记，以便校对与更换。盛装蒸汽的容器，在压力表与容器之间应有存水弯管。盛装高温、强腐蚀性介质的容器，在压力表与容器之间应有隔离缓冲装置。

(6) 盛装易燃或剧毒、有毒介质的液化气体容器,应采用板式玻璃液面计或自动液面指示器,对于大型贮槽还应装设安全可靠的液面指示器。液面计或液面指示器上,应有防止液面计泄漏的装置和保护罩。

三、压力容器操作运行安全技术

(1) 使用压力容器的单位,应根据生产工艺要求和容器的技术性能要求,制定安全操作规程,并严格执行。操作规程至少应标明下列内容:

1) 容器的操作工艺指标及最高工作压力,最高或最低工作温度。

2) 容器的操作方法,开车停车的操作程序和注意事项。

3) 容器运行中应重点检查的项目和部位,以及运行中可能出现的异常现象和防止措施。

4) 容器停用时的封存和保养方法。

(2) 压力容器发生下列异常现象,操作人员应立即采取紧急措施,并按规定的报告程序,及时向本厂有关部门报告:

1) 压力容器工作压力、介质温度或壁温超过允许值,采取措施仍不能得到有效控制。

2) 压力容器的主要受压元件发生裂纹、鼓包、变形、泄漏等危及安全的缺陷。

3) 安全附件失效。

4) 接管、紧固件损坏,难以保证安全运行。

5) 发生火灾,直接威胁到压力容器的安全运行。

6) 容器充装过量。

7) 压力容器液位失去控制,采取措施仍不能得到有效控制。

8) 压力容器及管道发生严重振动,危及安全运行。

(3) 压力容器要定期检查,检查内容应包括下列 3 项:

1) 外部检查。专业人员在压力容器运行中进行在线检查,每年至少 1 次。

2) 内外部检验。专业检验人员在压力容器停机时进行检验。对于安全状况等级在 1~3 级之间的压力容器，每隔 6 年至少检验 1 次；安全状况等级在 3~4 级之间的压力容器，每隔 3 年至少检验 1 次。

3) 耐压试验。压力容器停机试验时，新进行的超过最高工作压力的液压试验或气压试验，每 10 年至少 1 次。

(4) 有下列情况之一的压力容器，内外部检验期限应予适当缩短：

1) 介质对压力容器材料的腐蚀情况不明，介质对材料的腐蚀速率每年大于 0.25 毫米，以及设计者所确定的腐蚀数据严重不准确的。

2) 材料焊接性差，在制造时曾多次返修的。

3) 首次检验的。

4) 使用条件差，管理水平低的。

5) 使用期超过 15 年，经技术鉴定，确认不能按正常检验周期使用的。

6) 检验人员认为应该缩短的。

> **想一想**
>
> 日常生活中，我们都见过哪些压力容器？它们都采取了哪些安全保障措施？

第十一节 起重吊运作业安全技术

起重吊运作业在现代生产中应用得越来越广泛，在提高生产效率，降低生产成本方面起到了重要作用。但起重吊运作业与其他作业一样，也存在着一定的危险性，也会发生安全事故，如钢绳断裂、重物坠落、卷筒自锁装置失灵、与其他物件碰撞等事故。掌握起重吊运作业安全技术，可以减少安全事故的发生，保障生命财产的安全。

一、起重吊运作业中的不安全因素

影响起重吊运作业的不安全因素主要有以下3个方面。

1. 起重吊运操作复杂

起重机械一般外形都较为庞大，其结构也比较复杂，作业时要完成起升、运行、变幅、回转等多种动作。起重机械操作人员要准确操纵，不出一分差错，相对来说难度较大，不易有效控制各种风险。

2. 起重吊运物料复杂

起重吊运的物料多种多样，有散粒物料、成件物料，有液态物料、固态物料，有金属物料、非金属物料，有导磁性物料、非导磁性物料，有零下冰冻低温物料、温度高达上千摄氏度的物料，有易燃易爆物、剧毒危险物等。这些不同的物料都给吊运工作带来不同程度的安全隐患。

3. 起重吊运作业复杂

起重吊运作业应由起重机司机、指挥、绑挂人员、运输车辆司机等多人配合才能完成。如相互协调不好、指挥信息错误、司机操作不当，将可能引起安全事故。

二、起重吊运机械本体安全技术要求

起重机械可分为小型起重设备（如千斤顶、起重葫芦、绞车等）、起重机、升降机三种类型。各类起重机械中，对安全影响最大的机械部件主要是起重机械的吊钩、钢丝绳、滑轮、卷筒、减速器和制动装置。对起重机械的安全技术要求，也主要是对这些重要部件的安全要求。

1. 吊钩安全技术要求

吊钩是起重机械的重要部件，在使用过程中一旦断裂，就会造成重大设备损毁事故或人身伤亡事故。对吊钩的安全技术要求主要有：吊钩的制造工艺可以采取锻钢制造或用钢板铆接制造，但吊钩决不能通过铸造制成；吊钩应由专门机构定期检验，凡达

到报废标准的吊钩必须及时报废。

2. 钢丝绳安全技术要求

在吊装作业中,钢丝绳主要用于捆扎物料和用作索具、缆绳。钢丝绳的规格应根据不同的用途选择,使用中应每天检查1次绳端固定和钢丝绳断丝情况。当钢丝绳的直径磨损变小、表面腐蚀、结构破坏达到一定程度时,应降级使用或作报废处理。

3. 滑轮和滑轮组安全技术要求

滑轮及滑轮组主要用于改变力的方向,用作起重升降减速或增速装置,起到省力的作用。当滑轮的轮轴磨损、滑轮槽壁磨损和径向磨损达到一定程度时,应及时检修或更换。

4. 卷筒

钢丝绳通过卷筒卷绕,使重物上升或下降。卷筒上的钢丝绳受力后,箍紧筒壁产生压力,有将筒壁压瘪的趋势。要定期检查卷筒中部有无裂纹,出现裂纹时应及时报废。

5. 制动器

制动器主要起到夹持物件吊运的作用,此外还可以在意外情况下起到安全保险作用。因此,制动器既是工作装置,又是安全装置。起重机必须装设制动器。吊运炽热金属和易燃易爆危险品,以及发生事故后可能造成重大伤害或损失的物品,使用的起升机械应装设2套制动器。

三、起重机械管理安全技术要求

起重机械管理应遵循国家相关规定。我国现行起重机械管理安全规定主要有《起重机械安全规程》《起重机司机安全技术考核标准》《起重吊运指挥信号》《起重机械安全监察规定》这4项规定。

1. 起重机械安全规程

国家标准《起重机械安全规程》,是起重机械设计、制造、检验、报废和安全使用与管理的重要依据。规程规定,起重机械应配备相应的安全防护装置;起重机械上的电气设备必须保证传动性能和控制性能准确可靠，在紧急情况下能切断电源，能安全停车；电气设备上应设置主隔离开关、紧急断电开关，应设置短路保护、失压保护、零位保护、失磁保护、过电流保护、超速保护和接地保护等安全装置。规程对起重机械的制造安全也作了相应规定，要求起重机械生产企业应有一定的技术保障能力，以保证起重机械的产品质量。

2. 起重机司机安全技术考核标准

为加强对起重机械作业人员的管理，《起重机司机安全技术考核标准》对起重机司机的培训、考核和发证工作作了统一规定：司机培训由各地劳动和社会保障部门组织，培训时间应不少于 6 个月；培训期满，由劳动和社会保障部门组织考核，考核包括安全技术理论考试、实际操作考核；考核合格后，还需在实际操作的起重机上实习 1~3 个月，确认操作熟练后，由省劳动和社会保障部门发给工种操作证；操作证每 2 年进行 1 次复审。

3. 起重吊运指挥信号

国家标准《起重吊运指挥信号》对起重机司机与其他起重作业人员的联系作了规定，统一了各地区、各行业的指挥信号。标准规定起重吊运指挥人员必须经劳动和社会保障部门进行安全技术培训，取得合格证后方能进行指挥作业。

4. 起重机械安全监察规定

《起重机械安全监察规定》要求起重机械须经地、市劳动和社会保障相关部门检验合格；起重机械作业人员须持有劳动和社会保障部门核发的操作证；起重作业相关单位须建立安全管理规章制度，要经常检查起重机械的安全状况。

四、起重吊运作业安全技术

(1) 起重机械的司机必须经过专门培训，经考核合格并取得操作证后，方能准予操作起重机械。

(2) 司机接班时，应检查起重机制动器、吊钩、钢丝绳和安全自锁装置。发现功能不正常，应在操作前及时排除。

（3）开车前必须鸣铃报警。操作中接近人时，也应给以断续铃声或报警。

（4）操作应按指挥信号进行。听到紧急停车信号，不论是何人发出，都应立即执行。

（5）确认起重机上或其周围无人时，才可以闭合主电源。如果电源断路装置上加锁或有标牌，应由有关人员摘除后才能闭合主电源。

（6）闭合主电源前，应使所有的控制器手柄置于零位。

（7）工作中突然断电时，应将所有的控制器手柄扳回零位；在重新工作前，应检查起重机动作是否都正常。

（8）在轨道上露天作业的起重机工作结束时，应将起重机锚定住。风力大于 6 级时，一般应停止工作，并将起重机锚定住。对于门座起重机，在沿海工作时，如风力大于 7 级，应停止工作，并将起重机锚定住。

（9）司机对起重机进行维修保养时，应切断主电源，并挂上标志牌或加锁；必须带电修理时，应戴绝缘手套、穿绝缘鞋，使用带绝缘手柄的工具，并有人现场监护。

（10）有下列情况之一时，司机不应进行起吊操作：

1）超载或物体质量不明时不吊。

2）信号不明确时不吊。

3）捆绑、吊挂不牢或不平衡，可能引起物品滑动时不吊。

4）被吊物上有人或浮置物时不吊。

5）结构或零部件有影响安全工作的缺陷或损伤，如制动器或安全装置失灵、吊钩螺母防松装置损坏、钢丝绳损伤达到报废标准时不吊。

6）遇有拉力不清的埋置物体时不吊。

7）斜拉重物时不吊。

8）工作场地昏暗，无法看清场地、被吊物和指挥信号时不吊。

9）重物棱角处与捆绑钢丝之间未加衬垫时不吊。

10）钢水或铁水包装得过满时不吊。

（11）起重机运行时，不得利用限位开关停车；对无反接制动功能的起重机，除特殊紧急情况外，不得打反车制动。

（12）不得在有载荷情况下调整起升、变幅机构的制动器。

（13）起重机工作时，不得进行检查和维修。

（14）吊运重物不得从人头顶通过，吊臂下严禁站人。

（15）在厂房内吊运货物时，应走指定通道。

（16）在没有障碍物的线路上运行时，吊物底面应离地面2米以上；有障碍物需要穿越时，吊物底面应高出障碍物顶面0.5米以上。

（17）所吊重物接近或达到额定起重量时，吊运前应检查制动器，并用小高度（200~300毫米）、短行程试吊后，再平稳地吊运。

（18）吊运液态金属、有害液体、易燃易爆物品时，必须先进行小高度、短行程试吊。

（19）无下降极限位置限制器的起重机，吊钩在最低工作位置时，卷筒上的钢丝绳必须保证有设计规定的安全圈数。

（20）起重机工作时，臂架、吊具、辅具、钢丝绳、缆风绳及重物等与输电线应保持的最小距离，见表3—2。

表3—2　　　　　与输电线的最小距离

输电线路电压（千伏）	<1	1~35	≥60
最小距离（米）	1.5	3	0.01（V-50）+3

（V代表输电线路电压）

（21）重物起落速度要均匀，非特殊情况下不得紧急制动和急速下降。

（22）重物不得在空中悬停时间过长。

（23）流动式起重机，工作前应按说明书的要求平整停机场地,牢固可靠地打好支腿。

(24) 吊运重物时不准落臂;必须落臂时,应先把重物放在地上。

(25) 吊臂仰角很大时,不准将被吊的重物骤然落下,防止起重机向另一侧翻倒。

(26) 吊重物回转时,动作要平稳,不得突然制动。

(27) 回转时,重物重量若接近额定起重量,重物距地面的高度不应太高,一般在 0.5 米左右。

(28) 用两台或多台起重机吊运同一重物时,钢丝绳应保持垂直,各起重机的升降、运行应保持同步,各台起重机所承受的载荷均不得超过各自的额定起重能力。如达不到上述要求,每台起重机的起重量应降低至额定起重量的 80%,并进行合理的载荷分配。

(29) 有主副两套起重机构的起重机,主副钩不应同时开动。

(30) 起重机电气设备的金属外壳必须接地。

(31) 禁止在起重机上存放易燃易爆物品,司机室应备灭火器。

(32) 每 2 年至少对起重机进行 1 次安全技术检查。

想一想

1. 起重机吊钩为什么不能用铸造件?
2. 起重机作业完毕,为什么要锚定住?

(33) 起重指挥人员发出的指挥信号必须明确,符合标准。动作信号必须在所有人员退到安全位置后发出。

提示:港口一般风力都比较大,对高处设备的破坏性也强。门座起重机一般都较高大,受风的影响较大,如起重机在作业完毕不锚定,风力有可能使起重机在轨道上来回滑动。风力较大时,甚至可能将起重机吹倒,造成不必要的财产损失。

事例链接

上海龙门吊倒塌事故

2001年7月20日，上海某造船厂一座正在安装的龙门吊轰然倒塌，酿成36人伤亡。

分析事故原因，一是现场施工人员未按设计规定方案进行安装施工，致使安装结构缺乏稳定性；二是未采取有效的锚定措施，致使龙门吊在轨道上产生滑动，造成倒塌事故；三是现场作业人员未戴安全帽，在龙门吊倒塌时，部分人员头部受伤造成死亡。

想一想

施工人员应该注意哪些起重吊运作业安全？

第十二节　防火防爆安全技术

防火防爆安全技术，是一门为了防止火灾和爆炸事故的综合性技术。火灾和爆炸是安全生产的大敌，一旦发生，极易造成人员重大伤亡和财产损失。因此，必须加强防火防爆安全工作，消除危险因素，防止火灾和爆炸事故的发生。

一、防火防爆基本知识

1. 可燃物燃点、自燃点与闪点

可燃物燃点，是指维持可燃物质连续燃烧所需的最低温度。当可燃物被加热到燃点后，可燃物即被点燃。这时所放出的燃烧热能使该物质挥发出足够的可燃蒸气来维持连续燃烧。物质的燃点越低，则越容易燃烧。

自燃点，是指可燃物受热发生自燃的最低温度。达到这一温度，可燃物与空气接触，不需要明火的作用就能自行燃烧。物质的自燃点越低，发生起火的危险性就越大。物质的自燃点除与物质本身的可燃性有关外，还与其所处的环境条件相关，如压力条件、温度条件、散热条件等。

闪点，是指可燃液体挥发出的蒸气与空气形成混合物，遇火源能发生闪燃的最低温度。闪燃通常发出蓝色火花，且一闪即灭。闪燃是火灾的先兆，闪点越低，危险性越大。

2. 燃烧

燃烧是可燃物质与空气或其他氧化剂发生化学反应而产生放热、发光的现象。燃烧必须同时具备3个基本条件：

（1）要有可燃物。凡是能与空气中的氧气或其他氧化剂发生剧烈反应的物质都称为可燃物，如木材、纸张、汽油等。

（2）要有助燃物。凡是能帮助和支持燃烧的物质，都称为助燃物，如氧气、氧化剂等。

（3）要有火源。凡是能引起可燃物质燃烧的热能源，都称为火源，如明火、电火花等。

防止以上3个条件同时存在，避免其相互作用，是防火技术的基本要求。

3. 爆炸

物质由一种状态迅速转变成为另一种状态，并在极短时间内以机械功的形式放出巨大的能量；或者是气体在极短的时间内发生剧烈膨胀，压力迅速下降到常压的现象，都称为爆炸。

爆炸包括物理爆炸和化学爆炸两种。物理爆炸通常指锅炉、压力容器或气瓶内的介质由于受热、碰撞等因素，使气体膨胀，压力急剧上升，超过了设备所能承受的机械强度而发生的爆炸。化学爆炸指由于发生化学反应，产生大量气体和热量而形成的爆炸，这种爆炸能够直接造成火灾。

可燃气体、蒸气和粉尘与空气形成混合物，这种混合物在一定的浓度范围内能发生爆炸。这种能够发生爆炸的最低浓度，称为爆炸下限；能够发生爆炸的最高浓度，称为爆炸上限；爆炸下限和爆炸上限之间的范围称为爆炸极限。如乙炔与空气混合的爆炸极限为 2.2%～81%。混合物的爆炸极限与其温度、压力、含氧量以及火源能量相关,温度越高、压力越大、含氧量越多,其爆炸极限也就越宽。

4. 易燃易爆物质

在防火防爆安全工作中,认清不同物质的易燃易爆特点,可以使我们采取更为有效的防范措施。常见的易燃易爆物质有以下几种:

(1) 可燃气体。包括一级可燃气体,如氢气、甲烷、乙烯、乙炔、环氧乙烷、氯乙烯、硫化氢、水煤气和天然气,其爆炸浓度下限都低于 10%;二级可燃气体,如氨气、一氧化碳、发生炉煤气,其爆炸浓度下限都高于 10%。在实际生产、储存和使用中,将一级可燃气体归为甲类火灾危险品,二级可燃气体归为乙类火灾危险品。可燃气体与空气或氧气混合气的爆炸极限见表 3—3。

表 3—3　　可燃气体与空气或氧气混合气的爆炸极限

可燃气体	可燃气体在混合气中含量(容积%)	
	空气中	氧气中
乙炔	2.2～81.0	2.8～93.0
氢	3.3～81.5	4.6～93.9
一氧化碳	11.4～77.5	15.5～93.9
甲烷	4.8～16.7	5.0～59.2
丙烷	2.1～9.5	—
乙烯	2.75～28.6	4.1～50.5
苯蒸气	0.7～6.0	2.1～28.4
煤油蒸气	1.4～5.5	—

(2) 可燃粉尘。如在加工麻、烟、糖、谷物、硫、铝等物质的过程中,粉碎、研磨、过筛等操作时所产生的粉尘,就其理化

性质来说，比原来物质的火灾危险性要大得多，在一定浓度下遇到热能源，将可能引起燃烧或爆炸。

（3）自燃性物质。这类物质不需要外界火源作用，当与空气混合或受外界温度、湿度影响，即可发热并积热不散，当达到自燃点时即引起燃烧。自燃性物质可分为一级自燃性物质和二级自燃性物质。一级自燃性物质易氧化分解，易自燃，而且燃烧猛烈，危险性大，如黄磷、三乙基铅、硝化纤维、铝铁熔剂等。二级自燃性物质在空气中氧化比较缓慢，自燃点低，在积热不散的条件下能够自燃，如油纸、油布等。在实际生产、储存和使用中，将一级自燃物质归为甲类火灾危险品，二级自燃物质归为乙类火灾危险品。

（4）遇水燃烧物质。这类物质能与水发生剧烈反应，并放出可燃气体和大量热量。热量又使可燃气体温度猛升并达到自燃点，从而引起气体燃烧或爆炸。这类物质按其与水发生反应的程度及危害大小，可划分为一级遇水燃烧物质和二级遇水燃烧物质。一级遇水燃烧物质有锂、钠、钾、铷、锶、铯、钡等金属及其氢化物，这些物质与水反应速度快，放出热量大，极易引起自燃或爆炸；二级遇水燃烧物质有钙、氢化铝、硼氢化钾、锌粉等，这些物质与水反应慢，放出热量小，产生气体需有火源才会燃烧。在实际生产、储存和使用中，将遇水燃烧物质归为甲类火灾危险品。

（5）燃烧液体物质。按其闪点大小，可划分为易燃液体和可燃液体两类物质。易燃液体一般闪点低于45摄氏度，如汽油、酒精、丙酮、苯、煤气、松节油、醋酸等；可燃液体一般闪点都高于45摄氏度，如丁醇、柴油、乙二醇、苯胺。

（6）燃烧固体物质。燃烧固体按其熔点、燃点和闪点的高低不同，可划分为易燃固体和可燃固体两类物质。易燃固体中，一级易燃固体主要有磷及磷化物（如红磷、三硫化磷），硝基化合物（如二硝基甲苯、氨基化钠、二硝基萘），硝化棉，氨基化钠，重氮氨基苯，闪光粉等，这些易燃固体燃点低，易于燃烧爆炸；二级易燃固体主要有各种金属粉末（如镁粉、铝粉、锰粉），碱金属氨基化合物（如氨基化锂、氨基化钙），硝基化合物（如硝基芳烃、二硝基丙烷），硝化棉制品（如硝化纤维漆布、赛璐珞），萘及其衍生物等，这些物质燃烧速度较慢，燃烧时产生的毒性较小。

5. 火灾与爆炸原因

（1）用火管理不当，让明火引燃可燃物质，造成火灾。

（2）易燃易爆物品管理不善，库房不符合防火标准，没有根据物质的性质分类储存。

（3）电气设备绝缘不良，安装不符合规程要求，发生短路，设备超负荷运行，接触电阻过大等。

（4）工艺布置不合理，易燃易爆场所未采取相应防火防爆措施，设备缺乏维护、检修或检修质量低劣。

（5）违反安全操作规程，使设备超温超压，或在易燃易爆场所违章动火、吸烟或违章使用汽油等易燃液体。

（6）通风不良，生产场所的可燃蒸气、气体或粉尘在空气中达到爆炸浓度并遇火源。

（7）避雷设备装置不当，缺乏检修或没有避雷装置，发生雷击引起失火。

（8）易燃易爆生产场所的设备、管线没有采取消除静电措施，发生放电火花。

（9）棉纱、油布、沾油铁屑等放置不当，在一定条件下自燃起火。

二、防火防爆安全技术

一是开展防火教育，提高群众对防火意义的认识，建立、健全群众性的义务消防组织和防火安全制度，开展经常性的防火安全检查，消除火灾危险隐患，并根据生产场所性质，配备适用和足够的消防器材。

二是认真执行建筑设计防火规范,厂房和库房必须符合防火等级要求,厂房和库房之间应有安全距离,并设置消防用水和消防通道。

三是合理布置生产工艺,根据产品原材料火灾危险性质,安排、选用符合安全要求的设备和工艺流程。性质不同又能相互作用的物品应分开存放。具有火灾、爆炸危险的厂房,要采用局部通风或全面通风,以降低易燃易爆气体、蒸气、粉尘的浓度。

四是易燃易爆物质的生产,应在密闭设备中进行。对于特别危险的作业,可充装惰性气体或其他介质保护,以达到隔绝空气的目的。对于与空气接触会燃烧的物质应采取特殊措施存放,例如将金属钠存于煤油中,将磷存于水中,将二硫化碳用水封闭存放等。

五是从技术上采取安全措施,消除火源。如为消除静电,可向汽油内加入抗静电剂,作业人员穿戴防静电服装、鞋帽;油库设施(包括油罐、管道、卸油台、加油柱)应进行可靠的接地,且接地电阻不大于30欧姆(乙炔管道接地电阻不大于20欧姆);往容器注入易燃液体时,注液管道要光滑、接地,管口要插到容器底部;为防止雷击,在易燃易爆生产场所和库房要安装避雷设施。此外,设备管理要符合防火防爆要求,厂房和库房应采用不发火地面。

六是易燃易爆场所,应避免明火及焊割作业。如必须动火,应按照动火的有关规定执行,必要时还需请消防队进行现场监护。

七是对于混合接触能发生反应自燃的物质,严禁混存混运;对于吸水易燃或发热的物质应保持使用储存环境干燥;对于在空气中剧烈氧化自燃的物质,应密闭储存或浸在相适应的中性液体中。

提示:用明火熬炼沥青,不应在易燃易爆物品周围进行,这会引起易燃易爆物品的燃烧爆炸,造成安全事故。即使要在周围动火,也必须办理动火手续,与易燃易爆物保持一定距离,并派专人时刻看守火源,发现情况及时采取措施,切不可麻痹大意。

三、灭火安全技术

1. 隔离法灭火

将着火点或着火物与其周围的可燃物隔离,燃烧会因缺少可燃物而停止。

2. 窒息法灭火

阻止空气进入燃烧区,或者用不燃烧的物质隔绝或冲淡空气,使燃烧物得不到足够的氧气而熄灭。

3. 冷却法灭火

将水、泡沫、二氧化碳等灭火剂喷射到燃烧区内,以吸收或带走热量,降低燃烧物的温度和对周围其他可燃物的热辐射强度,达到停止燃烧的目的。

4. 化学法灭火

用含氟、氯、溴的化学灭火剂喷向火焰,让灭火剂参与燃烧反应,从而抑制燃烧过程,使火迅速熄灭。

想一想

举例分析火灾事故产生的原因,总结防止火灾的安全技术。

思考题

1. 安全技术如何分类?
2. 切削加工中有哪些安全技术?
3. 焊接作业中有哪些安全技术?
4. 电气作业中有哪些安全技术?
5. 建筑施工作业中有哪些安全技术?
6. 起重吊运作业中有哪些安全技术?
7. 冶炼及热处理作业中有哪些安全技术?
8. 企业内机动车驾驶有哪些安全技术?

9. 锅炉运行中应遵守哪些安全规则?
10. 如何防止冒顶?如何防止瓦斯爆炸?
11. 对压力容器的安全运行,应遵守哪些安全规定?
12. 引起火灾爆炸的主要原因有哪些?

第四章 职业卫生

职业卫生是劳动保护工作的重要组成部分。职业卫生是指采取有效措施，消除或减轻作业环境中的各种职业因素对人体的危害，保护劳动者的身体健康，防止职业疾病的发生。职业危害因素是指劳动者在生产劳动过程中出现的对劳动者健康和劳动能力可能造成伤害的各种因素。职业危害因素种类较多，但概括起来主要包括以下四个方面：

一是各种粉尘造成的危害，如生产过程中产生的矽尘、煤尘、石棉尘、金属粉尘、有机性粉尘等，这些粉尘对人体呼吸系统造成严重危害。

二是各种有毒物质造成的危害，如铅、汞、苯、砷、酚、氮氧化物、有机磷农药等有毒物质，对人体健康也造成重大危害。

三是各种物理性因素造成的危害，如气候（高温、高湿、高低气压）、噪声、振动、超声波、光电辐射，这些因素对人体健康也有一定的危害。

四是一些病原微生物和致病寄生虫对劳动者造成的生物性危害，如炭疽杆菌、布氏杆菌、森林脑炎病毒等生物危害，使劳动者患上职业疾病。

此外，劳动者劳动时间过长，缺少休息时间，劳动强度过大，个别器官过度紧张或疲劳，长时间处于同一体位或某种不良体位劳动，使用的设备和工具不合理，不符合人机工程学要求，这些因素也影响着劳动者的身体健康。

本章主要学习各种职业危害因素对人体产生的危害；学习这

些职业危害引起的职业疾病类型；学习预防职业疾病发生的有效措施。

第一节 职业性粉尘危害及预防措施

职业性粉尘是指在生产作业过程中产生的，能较长时间漂浮在空气中的固体颗粒。这些粉尘对人体呼吸系统产生较大的危害，使劳动者容易患上尘肺病。粉尘也对生产活动产生较大的影响，对大气环境产生严重破坏。因此，需要加强对粉尘的防护措施，减少空气中的粉尘含量，减轻粉尘造成的各种危害。

一、粉尘的危害

粉尘的危害包括对人体健康的危害，对生产作业的危害以及对环境污染造成的危害。其中，粉尘对劳动者身体的危害又是最为严重的。

1. 粉尘对人体的危害

粉尘对人体的危害主要是容易引起尘肺病。所谓尘肺病，是指人体在生产劳动中长期吸入较高浓度的粉尘而发生肺组织纤维化的疾病。

尘肺病患者从接触粉尘到发病，时间有长有短。长的达20年，短的不到半年。这与粉尘的浓度、粉尘中二氧化硅的含量、劳动强度大小以及劳动者个人身体素质都相关。

患上尘肺病，容易引起各种并发症，如肺结核、呼吸系统疾病、肺原性心脏病等。这些并发症容易使尘肺病患者的病情恶化，加速病人的死亡。尘肺病是一种发病率高、死亡率高的职业病，目前还没有理想的治疗方法。

2. 粉尘对生产的影响

粉尘对生产作业的危害主要反映在3个方面：

（1）空气中粉尘落到机器的转动部件上，会加速转动部位的磨损，降低机器的精密度和工作寿命。一些小型精密仪器甚至由于粉尘影响,失去了精密度,造成仪器不能正常工作。

(2)粉尘对油漆工作、胶片生产以及某些电子产品的生产影响也很大,轻者会造成产品质量不合格,返工重做;重者会造成产品降级处理甚至报废处理。

(3)粉尘如弥漫在作业场所,会降低可见度,影响作业者视野,易妨碍操作,影响劳动效率,严重时还会引起安全事故。

3. 粉尘对大气环境的污染

每年各类生产企业排入大气的粉尘数量高达数十万吨,这些粉尘严重污染了大气环境,影响了人类的身体健康,也影响了各种生物的生长。有效治理粉尘对大气的污染,减少企业生产过程中产生的粉尘向大气排放,是减少人类疾病,保持良好的生态环境的重要手段。

提示:石墨是一种重要的工业原料,也是一种耐腐蚀性的良好导体。采掘石墨时,会产生大量的石墨粉尘,这些粉尘对劳动者呼吸系统产生较大危害。企业除采取有效措施,减少空气中石墨粉尘的浓度外,劳动者本人也必须采取有效的防护措施,如戴上专用防尘口罩,不要长时间在石墨粉尘中工作等,这样可以减少尘肺病的发生,切实保障劳动者的身体健康。

二、预防粉尘危害的措施

防止粉尘危害的措施,可以概括为8个字,即宣、革、水、密、风、护、管、查。

1. 宣

宣,即宣传教育,向企业管理人员和企业劳动者进行宣传教育,普及防尘技术知识,不断提高他们对防尘工作重要性的认识,发动全体员工开展防尘工作,防止粉尘的危害。

2. 革

革,即开展技术革新,采用新工艺、新技术,改革不合理的工艺过程和操作方法,实现生产工艺机械化、自动化和密闭化,从根本上治理粉尘污染。

3. 水

水,即采用湿法防尘。在生产工艺允许的条件下,尽可能采用湿法作业,减少亲水性粉尘(过水后黏结性增加的粉尘)的产生,将生产过程中的干法粉碎、研磨、筛分、混料等工序改为湿法作业,以减少粉尘的产生。

4. 密

密,即密闭尘源,使粉尘与操作人员隔离。这是从产尘源上消除粉尘危害的重要方法。

5. 风

风,即通风除尘,利用通风净化原理,通过吸尘罩、通风管道、除尘器、风机等部件和设备,将含尘气流净化到符合排放标准后,再排放到大气,以确保作业环境的卫生。

6. 护

护,即个体防护。个体防护是防止粉尘侵入人体的最后一道防线,是防尘综合措施中的重要辅助措施。劳动者通过正确佩戴和使用防尘口罩、面具等个体防护用具,以保护其呼吸器官不受粉尘侵害。

7. 管

管,即防尘设备的维护管理。加强防尘设备的维护管理,制定相应的管理规章制度,建立设备档案,做好运转记录,把防尘设备纳入生产设备管理,保持防尘设备与其他生产设备的同步运行。

8. 查

查,即加强监督检查。定期测定作业场所空气中的粉尘浓度,检查防尘措施和设备的效果,发现问题及时消除;定期对从事粉尘作业的职工进行身体健康检查,及时发现尘肺病患者,及时调离接尘岗位,及时治疗。

第二节 职业性毒物危害及预防措施

职业性毒物是指生产劳动过程中劳动者接触的对人体有害的各种化学物质或有毒成分。这些有毒物质主要通过呼吸道、消化道和皮肤侵入人体，使人体患上各种职业疾病。

一、常见的职业性毒物及其危害

1. 金属类毒物

如铅、汞、锰、铍、镉、铬、锌、磷等金属都具有毒性。这类毒物可损害人的神经系统、消化系统、血液循环系统和生殖系统。

2. 有机溶剂类毒物

如苯类、氯化烃、醇、酯、醚、酮及汽油等毒物。这类毒物可损害人的呼吸系统、神经系统，甚至可以破坏人的造血机能。

3. 苯的氨基和硝基化合物

如苯胺、硝基苯、三硝基甲苯等毒物。这类毒物可损害人的血液系统、神经系统，并对人的视觉、肝、肾、心脏等器官造成损害。这类毒物主要通过皮肤被人体吸收，从而引起中毒。

4. 窒息性与刺激性气体

如一氧化碳、硫化氢、氰化物、氯、氨、氟化物、氮氧化物、酸蒸气等毒物。这类毒物可致人呼吸困难、肺水肿、痉挛、乏力，甚至窒息死亡。

5. 高分子化合物类毒物

如氯化烯、丙烯腈、氯丁二烯等毒物。这类毒物可损害人的皮肤黏膜，刺激上呼吸道黏膜，引起接触性皮炎、神经衰弱等病症。

6. 有机磷、有机氯等农药类毒物

这类毒物经呼吸道和消化道进入人体，可损害人的神经系统、呼吸系统，并对人的肝、肾等器官造成损害，严重时可导致死亡。

7. 沥青及其烟雾

如煤油沥青、石油沥青和矿产沥青等毒物。这类毒物可致人患光敏性皮炎、皮囊炎、皮肤色素沉着、中毒性黑皮病、鼻炎、咽喉炎、支气管炎、癌症等。

二、毒物危害的预防措施

1. 组织管理措施

加强对毒物管理的组织领导工作,制定防毒工作规划,有计划地改善劳动条件,把防毒工作纳入企业管理的议事日程。

2. **防毒技术措施**

(1) 改革生产工艺及生产设备,采用先进工艺设备,如采取密闭化、管道化、机械化生产工艺,使用现代先进机电控制设备,防止毒物的产生,使人与毒源相隔离。

(2) 采用无毒或低毒的生产物料、生产辅料,以代替有毒的生产资料。

(3) 采用通风净化的办法,以降低作业环境中的毒物浓度。

3. **个体防护措施**

劳动者通过穿戴防护服、手套、口罩、面罩、头盔等防护用品,达到呼吸道防护和皮肤防护的目的。

4. **卫生保健措施**

定期对接触毒物作业的职工进行健康检查,将有中毒病症劳动者及时调离工作岗位,使其脱离与毒物的接触,并及时予以治疗。

此外,还要定期对车间空气中有毒物质的浓度进行测定,以评价作业环境的卫生状况,根据测定情况制定出有效措施。

提示: 在石油天然气开采中,需要做压汞试验。在压汞试验中,如不按操作规程去做,金属汞可能会泄漏,并以蒸气形式经呼吸道进入人体,导致汞急性中毒。患者急性中毒后会有明显的口腔炎流涎、情绪激动、手指震颤、皮炎、发热、肾脏及肝脏损害等病症，需要及时送医院治疗。

事例链接

化学气体中毒事故

2000年7月20日，大连钢铁公司一炼钢厂采用外购废旧蓄电池提炼镍铁。在装入12吨料进行冶炼时，虽有较大烟火，但因无异常情况发生，指挥人员仅针对烟火采取了排尘排烟措施。在排尘排烟过程中，排尘设备出现故障，不能继续正常运转下去，生产作业指挥人员对此也未引起重视，要求工人们继续生产，约2小时后才断电停炉。此时已有多名工人出现头痛、头晕、恶心、呕吐等不适反应，指挥人员发现这一情况后，立即组织车辆将有反应的53名工人送入医院治疗。

事发后，工厂安全人员对空气进行了采样调查分析，结果发现空气中镍含量达16%，碳含量达2%，硅含量达1%，其他如锰、硫、砷等含量也达到1%。经专家确认，工人出现上述反应是由于混合性化学气体中毒。

这场事故给了企业及广大职工深刻的教训：一是采用废料进行冶炼前，必须搞清产地、来源、废料基本成分，是否有毒；二是加强防尘防毒设备的定期检查和保养，决不允许在防护设备不能正常运转的情况下开展生产工作；三是要对工人进行安全生产、劳动保护知识培训，提高工人的自我保护意识，发现可能存在的安全问题，采取有效措施，保护劳动者人身安全。

想一想

指挥人员犯了哪些错误？上述毒物对人体有哪些危害？

第三节　物理因素危害及预防措施

物理因素危害，主要指噪声、振动、电离辐射、非电离辐射等物理因素对人体产生的危害。此外，高温、高低气压等物理因素对人体也产生不同程度的危害。

一、噪声的危害及预防措施

1. 噪声对人体的危害

噪声主要是由机械撞击、摩擦、转动、气体压力突变、液体流动等产生的。劳动者如短时间处于一定噪声级的环境中，会引起听觉疲劳，产生暂时性听力减退；如长期接触较大的生产性噪声，会引起噪声性疾病。例如，长期接触 80 分贝以上的噪声，可能引起消化不良、食欲不振、头痛、恶心、呕吐、心跳加快、血压升高等症状。同时，噪声还会干扰人们的正常工作，可导致心情烦躁，注意力不易集中，容易疲劳，降低生产效率，增加工伤和设备事故。超过 160 分贝的特强级噪声，还会引起仪器失灵、建筑物玻璃震碎、墙壁震裂和烟囱倒塌等事故。

2. 噪声的预防措施

噪声的预防措施主要有控制和消除噪声源，控制噪声传播途径，做好个人防护三项措施。由于生产性噪声主要来源于生产设备和工具，因此，采用低噪声生产设备和工具是控制噪声的根本途径。采用阻尼材料或降噪结构，增设吸声、消声、隔声等装置，可以控制噪声传播途径。加强个体防护，采用护耳用品，是防止噪声危害的最后一道防线。

> **想一想**
> 你还可以列举出其他预防噪声的措施吗？

二、振动的危害及预防措施

1. 振动对人体的危害

振动是指物体在外力作用下,沿着直线或弧线经过某一中心位置的往复运动。人体长时间接触振动会造成神经系统、心血管系统、消化系统及听觉器官损害,引起植物神经功能紊乱、疲劳、失眠、心率和血压异常、胃下垂、呕吐、头晕等症状。

2. 振动的预防措施

对振动的预防措施,主要是通过改革工艺设备和工具,积极采用先进技术,代替有振动危害的旧工艺设备和工具。其次是加强设备和工具的维护保养,确保其处于完好的工作状态。

对产生振动的设备要建立防振基础,基础应与其他建筑基础隔离开。对振源要设减振阻尼器,以减弱振动的传递。根据振动的强度和频率大小,建立工间休息制度,让处于振动环境工作中的劳动者中间有一定的休息时间。

三、电离辐射的危害及预防措施

1. 电离辐射对人体的危害

电离辐射对人体的伤害主要有两种:一种是短时间内接受大剂量的电离辐射所造成的急性辐射伤害;另一种是长时期反复接受超容许剂量的射线或中子的体外照射,造成慢性辐射伤害。急性辐射伤害临床主要表现为乏力、呕吐、淋巴细胞和中性粒细胞减少、周身不适等症状,严重时可导致死亡。患过一次急性辐射病后,可能导致寿命缩短、遗传变异和肿瘤出现率高等后果。慢性辐射伤害临床主要表现为头痛、软弱无力、记忆力减退、失眠、食欲降低、脱发、贫血和白内障等症状。

2. 电离辐射的预防措施

(1) 广泛采用防辐射材料作屏蔽,尽量使人脱离辐射环境,增大作业人员与辐射源之间的距离。

(2) 加强对作业人员的管理和监督,采用轮换工作制度,

> **想一想**
>
> 观察医院放射科医生工作过程,分析他们都采取了哪些防止电离辐射措施?

正确使用个人防护用品，加强对作业者的专业技术训练，提高作业人员的熟练程度。

四、非电离辐射的危害及预防措施

非电离辐射包括紫外线、可见光、激光、红外线、射频等辐射和微波、高频电磁场等造成的危害。较大强度的非电离辐射对人体的主要危害是引起中枢神经和植物神经系统的机能障碍，临床主要表现为神经衰弱综合征，如头昏、乏力、睡眠障碍、记忆力减退、多汗、脱发、消瘦等。微波除了引起上述神经衰弱症状外，还可引起眼部损伤和暂时性不育等疾病。

非电离辐射的防护包括高频电磁场防护和微波防护。高频电磁场的防护措施，主要有对场源屏蔽、远距离操作和合理布局3个方面。微波的防护措施可从4个方面考虑。一是利用吸收装置吸收微波辐射，并在屏蔽室内敷设微波吸收材料，以免操作人员受到较多反射波的照射；二是根据微波发射具有方向性的特点，工作地点应置于辐射强度最小的部位，尽量避免在辐射流的正前方进行工作；三是暂时难以采取其他有效措施而作业时间较短的，操作人员应穿戴微波防护衣帽和防护眼镜；四是定期对操作人员进行健康检查，重点观察眼晶状体、心血管系统、外围血象及生殖功能的变化。

提示：电离辐射过量照射人体，会导致人体发生各种疾病，如全身性放射性疾病、放射性皮炎、放射性白内障、白血病等。从事与电离辐射有关的工作，要加强预防措施，穿戴防辐射的保护用品。

第四节　生物危害及预防措施

生物危害是指劳动者因工作需要，从事可能接触炭疽杆菌、森林脑炎病毒和布氏杆菌的作业而引起生物体对人体的危害。

一、职业性炭疽病及预防措施

常见的职业性炭疽病有皮肤炭疽、肺炭疽和肠炭疽3种。

皮肤炭疽病多见于身体暴露部位，呈红色粟粒疹、小泡、中心坏死、周围软组织水肿。重者为恶性水肿，并伴有明显毒性血症症状。

肺炭疽病常出现肿部严重感染、呼吸循环衰竭等症状，此病发病较急。

肠炭疽病可引起急性胃肠炎、腹痛、感染性休克等病症。

对职业性炭疽病的预防，一是在可接触炭疽杆菌的作业场所，要严格管理传染源，切断各种传染途径；二是对有关人员加强卫生知识的宣传教育，最好每年接种1次炭疽杆菌减毒疫苗；三是使用治疗炭疽病的抗菌素药物，如青霉素等，并加大使用剂量。

二、职业性森林脑炎及预防措施

职业性森林脑炎是一种急性传染病，可引起意识障碍、脑膜刺激症状及瘫痪，并伴有头痛、恶心和呕吐等症状。

职业性森林脑炎的预防，要以灭鼠、灭虱为主，注意个人防护，防止叮咬。每年对从事森林作业人员进行森林脑炎疫苗接种，可取得满意的预防效果。

三、职业性布氏杆菌病及预防措施

职业性布氏杆菌病是一种人和动物共患的传染病，是由患病动物的分泌物、排泄物传染给人体而引起的。病菌经皮肤、消化道、呼吸道侵入机体后进入血液中，临床表现常为肝、脾肿大，反复无规则发热，肌肉、关节酸痛，体弱乏力等。

预防布氏杆菌传染的途径，主要是加强对牲畜的检疫及病畜的管理，对接触布氏杆菌的工作人员加强卫生知识的宣传教育。同时，每年要为牲畜和有关作业人员接种布氏杆菌疫苗。治疗职业性布氏杆菌的主要药物为抗菌素，如氯霉素、金霉素等。

第五节 常见职业病及防治

2002年5月施行的《中华人民共和国职业病防治法》明确了职业病的含义。法律规定，职业病是指企业、事业单位和个体经济组织的劳动者在职业活动中，因接触粉尘、放射性物质和其他有毒、有害物质而引起的疾病。2002年卫生部、劳动和社会保障部颁布的《职业病目录》规定了10种职业病类型，115种病例。这10种职业病包括：尘肺、职业性放射性疾病、职业中毒、物理因素所致职业病、生物因素所致职业病、职业性皮肤病、职业性眼病、职业性耳鼻喉口腔疾病、职业性肿瘤、其他职业病。

近年来，我国职业病的发病率不断上升，劳动者身体健康正受到职业病的严重威胁，每年因职业病死亡或致残的人数达数十万。造成我国目前职业病危害形势严峻的主要原因有以下几点：一是我国经济快速发展，但劳动条件和劳动保护装备却未跟上；二是由于我国劳动力资源丰富，企业为追求高额利润，不惜以牺牲劳动者健康为代价，减少劳动保护投入，削减职业卫生开支；三是我国职业卫生立法还不健全，实施还不到位，监督也不够得力，致使劳动者应当享受的职业卫生权益得不到有效保障。

因此，加强对职业病的防治，提高对职业病危害的认识，全面保护劳动者的身体健康，已迫在眉睫。

一、常见职业病

1. 尘肺病

尘肺是指在生产活动中长期大量吸入较高浓度的某些粉尘，导致肺组织纤维化的疾病。尘肺在我国是危害最大的职业病之一，患者早期的症状不明显，随着病变的发展，症状逐渐明显，有咳嗽、胸闷、胸痛和气短等现象，严重时，患者两肺可能出现进行性、弥漫性纤维组织增生。

《职业病目录》中列示了13种尘肺病例，具体包括矽肺、煤工尘肺、石墨尘肺、炭黑尘肺、石棉肺、滑石尘肺、水泥尘肺、云母尘肺、陶工尘肺、铝尘肺、电焊工尘肺、铸工尘肺、其他尘肺。

（1）矽肺。矽肺是由于作业人员长期吸入较高浓度游离二氧化硅粉尘所引起的，是尘肺中最为严重的一种。矽肺病人表现为咳痰、气急、胸痛、胸闷、呼吸困难等症状，肺部有广泛的结节性纤维化，严重时还会影响肺功能。矽肺易引起并发症，如肺结核、自发性气胸、肺气肿等。有矽肺职业病危害的行业有：煤炭、采矿、石油天然气开采、建筑材料、玻璃、陶瓷、耐火材料、铸造、基建施工、石质雕刻。

（2）煤工尘肺。煤工尘肺是由于作业人员长期大量吸入较高浓度的煤尘或煤矽尘所引起的。患者早期多数无症状，但随着尘肺病变的进展，逐渐会出现气短、胸痛、胸闷、咳嗽等症状。患者肺部胸膜表面有分散而数量不等的针尖大小乃至蚕豆大小的黑色斑点，肺部有煤斑、煤结节或大块纤维化病变。常见的并发症有支气管炎、肺气肿。有煤工尘肺职业病危害的行业有：煤炭、电力、蒸汽、热水生产供应、炼焦煤气及煤制品业。

（3）石墨尘肺。石墨尘肺是由于作业人员长期大量吸入较高浓度石墨粉尘所引起的。患者早期有咽喉发干、咳嗽等轻微症状，随着病变的发展症状会逐渐加重，出现胸闷、胸痛、气短等症状。患者两肺会出现细网织样阴影和小结节阴影。常见的并发症有支气管炎和肺气肿。有石墨尘肺职业病危害的行业有：石墨开采、碎矿、以石墨为原料的相关行业。

（4）炭黑尘肺。炭黑尘肺是由于作业人员长期大量吸入较高浓度的炭黑粉尘所引起的。患者早期无明显症状，病变缓慢，肺部有网织阴影病变。常见并发症为慢性支气管炎和肺气肿。有炭黑尘肺职业病危害的行业有：基本化学原料制造业（如炭黑制备、造粒）、石墨及碳素制品业、稀有金属冶炼业、电气机械及器材制造业。

(5) 石棉肺。石棉肺是由于作业人员长期大量吸入较高浓度的石棉纤维粉尘所引起的。石棉肺患者早期症状主要是咳嗽,活动时呼吸困难,随着病情发展,会有咳痰,肺活量进一步降低。患者肺部胸膜增厚、胸膜钙化和肺间质纤维性病变。常见并发症有慢性支气管炎、支气管扩张、肺气肿、胸膜间皮细胞瘤。有石棉肺职业病危害的行业有:有色金属矿采选业、建筑材料及其他金属矿采选业、石棉制品业。

(6) 滑石尘肺。滑石尘肺是由于作业人员长期大量吸入较高浓度的滑石粉尘所引起的。其症状表现为咳嗽、咳痰、胸痛、气短。患者肺部有弥漫的粗细网影,并有散在的小结节病变。常见并发症有慢性支气管炎、肺气肿。有滑石尘肺职业病危害的行业有:建筑材料及其他非金属矿采选业、造纸及纸制品业、皮革及其制品业、橡胶制品业、陶瓷制造业。

(7) 水泥尘肺。水泥尘肺是由于作业人员长期大量吸入较高浓度的水泥粉尘所引起的。患者症状主要表现为咳嗽、咳痰、气短、胸疼,以及鼻腔黏膜充血,鼻黏膜萎缩。患者两肺以细网影改变为主,肺纹理增多、增粗,有弥漫性粗细网影和细小的结节样阴影。常见并发症有慢性支气管炎、支气管哮喘。有水泥尘肺职业病危害的行业有:矿山采选业、水泥制造及其制品业。

(8) 铝尘肺。铝尘肺是由于作业人员长期大量吸入较高浓度的铝粉尘所引起的。患者早期无明显症状,随着病情发展,有咳嗽、胸痛、气短和肺功能损害等病症。患者两面肺叶中下有较细的不规则形状的小阴影,呈现网状或蜂窝状。并发症有支气管炎、肺气肿。有铝尘肺职业病危害的行业有:有色金属矿采选业、轻有色金属冶炼业、炸药及火工产品制造业。

(9) 电焊工尘肺。电焊工尘肺是由于作业人员长期大量吸入较高浓度的焊尘所引起的。患者症状表现多数较轻,有鼻干、咽干、轻度咳嗽、头痛、头晕、全身乏力、胸闷、气短等症状。常见并发症有肺结核、锰中毒、氟中毒、金属烟雾热、上呼吸道炎症、电光性眼炎。电焊工尘肺职业病危害的行业有：机械业、船舶业等（具体包括手工电弧焊、气体保护焊、氩弧焊、气焊）。

（10）铸工尘肺。铸工尘肺是由于作业人员长期大量吸入较高浓度的生产性粉尘所引起的。患者症状有咳嗽、咳痰、胸痛、气短以及肺门淋巴结肿大。常见并发症有肺结核、慢性支气管炎、肺功能障碍、自发性气胸。有铸工尘肺职业病危害的行业主要是机械行业（具体为铸造作业）。

2. 职业性放射性疾病

放射线通常又称为电离辐射，是指作用于物体能使物质的原子产生电离的辐射线。放射线无处不在，地球上的一切生物体都不能避免电离辐射，万物的进化也都是在有电离辐射的环境中进行的。

职业性放射性疾病是指劳动者在职业活动中，因长期接触放射性物质而引起的疾病。根据《职业病目录》的规定，职业性放射性疾病共有 11 种，它们分别是：外照射急性放射病、外照射亚急性放射病、外照射慢性放射病、内照射放射病、放射性皮肤疾病、放射性肿瘤、放射性骨损伤、放射性甲状腺疾病、放射性性腺疾病、放射性复合伤、其他放射性损伤。

有放射性职业病危害的行业有：石油和天然气开采业、有色金属矿采选业、造纸及纸制品业、射线探伤业、辐照加工业、核工业、放射性核素及其制剂的生产加工和使用业、射线发生器的生产使用部门。

3. 职业中毒

职业中毒是劳动者在职业活动中因接触毒物而发生的中毒。在生产过程中，如缺乏防护措施，各种有毒物质有可能通过人体呼吸道、皮肤或消化道进入体内，使人体的某一组织发生病变，从而造成职业中毒。

职业中毒可分为金属与类金属职业中毒、刺激性与窒息性气体职业中毒、有机溶剂职业中毒、苯的氨基及硝基化合物职业中毒、氰及腈类化合物职业中毒、农药职业中毒这6大类中毒。《职业病目录》将这6大类职业中毒又细分为56种职业中毒病例。

资料卡

国家职业病目录规定的56种中毒类职业病

铅及其化合物中毒；汞及其化合物中毒；锰及其化合物中毒；镉及其化合物中毒；铍病；铊及其化合物中毒；钡及其化合物中毒；钒及其化合物中毒；磷及其化合物中毒；砷及其化合物中毒；铀中毒；砷化氢中毒；氯气中毒；二氧化硫中毒；光气中毒；氨气中毒；偏二甲基肼中毒；氮氧化合物中毒；一氧化碳中毒；二硫化碳中毒；硫化氢中毒；磷化氢、磷化铝、磷化锌中毒；工业性氟气；氰化腈类化合物中毒；四乙基铅中毒；有机锡中毒；羰基镍中毒；苯中毒；甲苯中毒；二甲苯中毒；正己烷中毒；汽油中毒；一甲胺中毒；有机氟聚合物单体及其热裂解物中毒；二氯乙烷中毒；四氯化碳中毒；氯乙烯中毒；三氯乙烯中毒；氯丙烯中毒；氯丁二烯中毒；苯的氨基及硝基化合物中毒；三硝基甲苯中毒；甲醇中毒；酚中毒；五氯酚中毒；甲醛中毒；硫酸二甲酯中毒；丙烯酰胺中毒；二甲基甲酰胺中毒；有机磷农药中毒；氨基甲酸酯类农药中毒；杀虫脒中毒；溴甲烷中毒；拟除虫菊酯类农药中毒；根据《职业性中毒性肝病诊断标准》可以诊断的职业性中毒性肝病；根据《职业性急性化学物中毒诊断标准（总则）》可以诊断的其他职业性急性中毒。

(1) 金属与类金属职业中毒。

1) 铅及其化合物中毒。铅中毒早期症状有乏力，口内有金属味，腹痛，神经衰弱，少数患者的牙龈边缘有蓝黑色"铅线"。中度中毒时还会有腹绞痛、贫血、中毒性周围神经病等症状。重度中毒则会出现铅麻痹、铅脑病症状。有铅及其化合物中毒职业病危害的行业有：重有色金属冶炼业、铅矿开采业以及船舶制造业。

2) 汞及其化合物中毒。汞主要以蒸气形式经呼吸道进入人体，造成汞中毒。汞中毒患者会有明显的口腔炎、流涎、情绪激动、手指震颤、皮炎、发热、肾脏及肝脏损害。有汞及其化合物中毒职业病危害的行业有：汞矿开采业、石油与天然气开采业。

3) 锰及其化合物中毒。锰及其化合物主要以锰烟、锰尘形式经呼吸道吸入人体，引起锰中毒。轻度锰中毒患者表现为嗜睡，以后出现失眠、头痛、乏力、恶心、性欲减退、多汗、四肢麻木症状。重度中毒患者会有锥体束神经损害、四肢僵直、言语不清病症。有锰及其化合物中毒职业病的行业有：锰矿开采业、无机盐制造业（高锰酸钾制取）、炼钢及铁合金冶炼业。

4) 镉及其化合物中毒。镉及其化合物主要以烟雾、蒸气或粉尘形式，经呼吸道和消化道进入人体，引起中毒。镉及其化合物中毒的早期症状为：口内有金属味，略有眼、咽部刺激症状，数小时后有头晕、头痛、乏力、咳嗽，甚至畏寒、发热、关节酸痛等症状。严重时可发生化学性支气管肺炎或肺水肿。有镉及其化合物中毒职业病危害的具体作业有：金银熔炼、镉化合物制取、电镀工业的镀镉。

5) 铍及其化合物中毒。作业人员经呼吸道大量吸入可溶性铍及其化合物，可引起急性中毒。铍中毒时会发生化学性支气管炎，严重时会发生化学性肺炎，肝脏肿大，并可发生黄疸。长期吸入一定浓度的氧化铍或铍粉尘，可引起慢性铍中毒，出现乏力、胸闷、胸痛、头晕、头痛、咳嗽、肝肿大等病症。有铍及其化合物中毒职业病危害的行业主要是重有色金属冶炼业（金属铍及氧化铍冶炼、铍真空熔铸、氧化铍烧结、铍粉制取)。

6) 铊及其化合物中毒。铊及其化合物主要通过呼吸道、皮肤、消化道进入人体。铊中毒表现为下肢酸、麻、有疼痛感,渐渐不能站立,毛发脱落,高血压。严重者可因中枢神经系统损害而导致急性中毒性昏迷。有铊及其化合物中毒职业病危害的行业主要是重有色金属冶炼业(铊冶炼)。

7) 磷及其化合物中毒。黄磷属于高毒类,红磷及黑磷毒性很小。黄磷主要以蒸气或粉尘形式被人体吸入呼吸道。急性中毒者有头痛、头晕、乏力、呕吐、心动过缓等症状。中度中毒者除有上述症状外,还有腹痛、黄疸、肝肿大、心肌受损、血压偏低等表现。重度中毒可引起急性肝坏死。有磷及其化合物中毒职业病危害的行业有:化肥制造业、无机盐制造业、炸药及火工产品制造业。

8) 砷及其化合物中毒。砷及其化合物可经呼吸道及皮肤进入人体。砷中毒表现为接触性皮炎,有头痛、头晕、胸闷、乏力和呼吸困难的感觉;重者甚至休克、死亡。有砷及其化合物中毒职业病危害的行业有:有色金属矿采选业、建筑材料及其他非金属矿采选业、化学农药与有机化工原料制造业。

(2) 刺激性与窒息性气体职业中毒。

1) 氯气中毒。氯气为强烈刺激性气体。作业人员如发生急性吸入性氯气中毒,轻度中毒会引起鼻黏膜及咽喉轻度充血、眼红流泪、头痛、恶心等症状;中度中毒除上述症状,还会引起鼻、咽喉、气管及支气管炎症,并可引发小范围肺水肿;重度中毒可导致肺水肿、昏迷、心跳骤停。有氯气中毒职业病危害的行业有:自来水生产业、食品制造业、纺织业、造纸及纸制品业、化学农药及有机化工原料业。

2) 二氧化硫中毒。二氧化硫是中等毒性类有强烈辛辣刺激性气味的气体。二氧化硫中毒症状与氯气中毒症状相同。有二氧化硫中毒职业病危害的行业有:石油加工业(稳定脱硫)、无机酸与无机盐制造业、化肥与有机化工原料制造业。

3）光气中毒。光气的毒性比氯气大10倍，属高毒类刺激性气体。光气中毒症状为咽部刺痒、畏光流泪、胸闷气短、头痛恶心，严重者还会有明显的呼吸困难、畏寒发热、呕吐、缺氧烦躁、意识模糊、血压下降等症状。有光气中毒职业病危害的行业有：化学农药、有机化工原料、染料、催化剂及各种化学助剂、塑料制造业，医药工业。

4）一氧化碳中毒。一氧化碳无色无味。发生一氧化碳中毒，有头痛、头晕、目眩、心跳、恶心呕吐、乏力等症状，一般患者离开中毒现场吸入新鲜空气数小时后，症状即可缓解。中度中毒患者除表现为以上症状进一步加重，还有面色潮红，口唇呈樱桃色，多汗，意识模糊甚至昏迷症状。重度中毒者可出现瞳孔缩小、深度昏迷或并发脑水肿、休克、呼吸衰竭等症状。有一氧化碳中毒职业病危害的行业有：煤矿业，金属与非金属矿采选业，石油加工业，炼焦、煤气及煤制品业，金属冶炼业。

5）硫化氢中毒。硫化氢为强烈的神经毒物，是具有腐败臭蛋味的窒息性气体。轻度硫化氢中毒症状为畏光、流泪、眼刺痛、上呼吸道刺激，休息数日即好转。中度中毒除以上症状加重外，还有头痛、头晕、乏力、呕吐等表现。重度中毒还会出现全身肌肉痉挛、大小便失禁、深度昏迷、呼吸与循环衰竭等症状。有硫化氢中毒职业病危害的行业有：煤炭采选业、石油和天然气开采业、食品酿酒制造业、造纸及纸制品业、化肥与农药制造业。

（3）有机溶剂职业中毒。

1）苯中毒。苯是有特殊芳香气味的属中等毒性的极易挥发的油状液体。生产作业中，苯以蒸气形式通过呼吸道进入人体。轻度中毒者有兴奋、醉酒样表现；中度中毒者可出现头痛、恶心、呕吐、步态不稳症状；重度中毒者可出现昏迷、肌肉痉挛或抽搐、血压下降、瞳孔散大等症状。有苯中毒职业病危害的行业有：皮革制品业，家具、涂料、颜料、染料、化学原料与农药制造业，石油加工业。

2）正乙烷中毒。正乙烷为低毒类液体，人体吸入后的中毒症状为头痛、眩晕、恶心、视觉障碍。严重者会造成肝、肾的损害。有正乙烷中毒职业病危害的行业有：食品制造业，石油加工业，塑料、日用化学品制造业，黏胶剂制品业。

（4）苯的氨基及硝基化合物中毒。包括苯胺、硝基苯、三硝基甲苯中毒。主要以粉尘和蒸气形式经呼吸道进入人体产生危害。中毒时有头昏、乏力、手指麻木、胸闷心悸、呼吸困难等症状，严重时有呼吸麻痹、昏迷、溶解性贫血、肝肾功能损害等症状。有苯的氨基及硝基化合物中毒职业病危害的行业有：化工原料、农药、染料、塑料制造业等。

（5）氰及腈类化合物中毒。氰及腈类化合物可经呼吸道、皮肤、胃肠道进入人体，导致人员中毒。中毒者可有杏仁气味呼气，眼、呼吸道有轻度刺激症状，乏力、头痛、胸闷。严重时有呼吸困难、意识障碍、血压下降、心率减慢、昏迷、心跳停止等症状。有氰及腈类化合物中毒职业病危害的行业有：炼焦、煤气及煤制品业，无机盐、化肥、化学农药、化工原料、染料制造业。

（6）农药职业中毒。如有机磷中毒、氨基甲酸酯类农药中毒等。中毒患者有头痛、头晕、恶心呕吐、胸闷、视力模糊。严重时有呼吸困难、血压升高、肺水肿、昏迷、脑水肿等症状。农药职业中毒的行业有农药制造业，农田及林业喷洒农药作业。

提示：发现中毒症状，应及早采取措施。

4. 物理因素所致职业病

物理因素所致职业病是指劳动者在职业活动中，由于物理因素危害而导致的职业病。如与高温作业有关的中暑，与潜水、沉箱、高压氧舱等高气压作业有关的减压病，与不适应高原低气压环境作业有关的高原病，与长期使用振动工具有关的手臂振动病等。

（1）中暑。劳动者在高温作业环境中长时间工作时，出现的头晕、胸闷、心悸、皮肤灼热等现象，都属中暑。中暑时会出现面色苍白、血压下降、昏倒、呼吸和循环衰竭等症状。有中暑职业病危害的行业有：石油天然气开采业、冶炼业、建筑业。

（2）减压病、高原病、航空病。减压病是在从高气压工作环境转向正常气压时，因减压过速而导致的职业病，主要表现为人体组织和血液中产生气泡，导致血液循环障碍和组织损伤。电力、蒸气、热水生产、打捞及海底作业易出现此类职业病。高原病与航空病均是由于低气压致使人体缺氧而导致的职业病。其症状多因缺氧而表现为神经机能受损伤。一般高原作业、航空航天作业易出现此类职业病。

5. 生物因素所致职业病

生物因素所致职业病是指劳动者在职业活动中，由于生物因素危害而导致的职业病，如炭疽病、森林脑炎、布氏杆菌病。

炭疽病是由炭疽杆菌引起的人畜共患急性传染病。人由于接触病畜或其皮毛而受感染，引起肺、肠或脑膜疾病以及败血症。

森林脑炎是作业人员进入森林作业被带有病毒的蜱叮咬后引起的感染。该病有明显的脑膜刺激症状，意识障碍，上肢瘫痪。

布氏杆菌病是由布氏杆菌引起的人畜共患传染病。人接触病畜，其体内的布氏杆菌可通过作业人员的伤口、黏膜及消化道、呼吸道侵入人体，使作业人员出现关节痛、神经痛、睾丸痛等典型症状。

6. 职业性皮肤病

职业性皮肤病是由于职业性因素引起的皮肤及皮肤附属的汗腺、皮脂腺疾病，如职业性皮炎、光敏性皮炎、黑变病、痤疮、溃疡、化学性皮肤灼伤。

导致职业性皮肤病的原因有化学性原因（如原发性刺激物、致皮肤过敏反应的化学物质等），物理性原因（如粉尘、温湿度、日光与人工光源等），生物性原因（如引起接触性或光敏性皮炎的某些生物性因素）。有该类疾病危害的主要行业有：石油、化工、医药、农药等生产制造业。

7. 职业性眼病

职业性眼病是劳动者在职业活动中，因接触化学物质或辐射线引起的眼病。这种职业性眼病又分为化学性眼部灼伤、职业性白内障和电光性眼炎三种病症。

化学性眼部灼伤多由酸碱等化学物质溅入眼内所致。电光性眼炎多由电焊作业产生的紫外线照射引起眼角膜和结膜损害所致。职业性白内障多由短波红外线辐射引起，或因三硝基甲苯中毒、电离辐射引起，导致晶状体病变。

8. 职业性耳鼻喉口腔疾病

职业性耳鼻喉口腔疾病主要有噪声聋、铬鼻病、牙酸蚀病三种。

噪声聋是由于噪声造成耳损伤而引起。铬鼻病是由于铬酸等酸雾的吸入，或以污染毒物的手指挖鼻孔、接触鼻中隔黏膜发生灼伤引起，重者会发生鼻中隔糜烂、溃疡，甚至穿孔。牙酸蚀病是由于氟化氰、硫酸酸雾、硝酸酸雾、盐酸酸雾的接触而发生牙酸蚀病变。

二、职业病的预防

1. 建设项目应执行"三同时"原则

新建、扩建、改建的建设项目和技术改造、技术引进项目，可能产生职业危害的，应当依照《中华人民共和国职业病防治法》的规定进行职业危害预评价，并经卫生行政部门审核同意。可能产生职业危害的建设项目，其防护设施应当与主体工程同时设计、同时施工、同时投入生产和使用（简称"三同时"）。建设项目竣工，应当进行职业危害控制效果评价，并经卫生行政部门验收合格。存在高毒作业的建设项目的职业危害防护设施设计，应经卫生行政部门审查符合国家职业卫生标准和要求后方可施工。

2. 有职业病危害的工作场所应符合劳动保护规定要求

产生职业病危害的用人单位的设立除应当符合法律、行政法规规定的设立条件外，其工作场所还应当符合以下劳动保护规定要求：

(1) 职业病危害因素的强度或者浓度符合国家职业卫生标准。国家职业卫生标准是为了保护劳动者健康及其相关权益，由法律授权部门对国家职业病防治的技术要求作出的强制性统一规范。生产作业场所的职业病危害因素强度、浓度必须符合国家职业卫生标准。

(2) 有与职业病危害防护相适应的设施。职业病危害防护设施是用以控制、消除、降低工作场所职业病危害因素对员工健康的损害的装置。如消除、降低有毒物质或生产性粉尘的通风除尘排毒、密闭净化处理装置；又如控制、降低电离辐射危害的屏蔽隔离装置；还有降低噪声和振动危害的消声、减振装置。

(3) 生产流程与布局应科学合理。工作场所的生产流程与布局必须科学合理，要做到这一点，必须坚持以下原则：作业场所与生活场所分开，作业场所不得住人；有害作业与无害作业分开，高毒作业场所与其他作业场所隔离；高毒作业场所设置应急撤离通道和必要的泄险区；有配套的更衣间、洗浴间、孕妇休息间等卫生设施。

3. 有职业病危害的用人单位应加强劳动保护管理

有职业病危害的用人单位应当加强劳动保护管理，并采取以下职业病防治管理措施：

(1) 设置、配备专职或兼职的职业卫生机构或专业人员，负责本单位的职业病防治工作。

(2) 制定职业病防治计划和实施方案。

(3) 建立、健全职业卫生和健康监护档案。

(4) 建立、健全工作场所职业病危害因素监测及评价制度。

(5) 建立、健全事故应急救援预案。

4. 为劳动者提供符合国家规定的劳动保护用品

佩戴并正确使用劳动保护用品，是预防职业病危害的重要措施之一，尤其是当劳动条件尚不能从设备上改善，发生中毒事故，或是在设备检修时，劳动保护用品可起到重要的防护作用。用人单位应当为从事有职业病危害作业的劳动者，提供符合国家职业卫生标准的劳动保护用品，劳动者也应在作业场所佩戴并正确使用劳动保护用品。

思考题

1. 什么是职业危害？职业危害主要包括哪几个方面？
2. 什么是职业病？我国职业病目录是如何划分职业病的？
3. 导致尘肺的主要原因有哪些？如何预防尘肺病？
4. 哪些职业危害会导致中毒？如何采取预防措施，防止职业中毒的发生？

第五章 事故救护

发生安全事故，常会造成财产损失以及人员伤亡。当发生安全事故时，劳动者应当保持镇静，采取有效的救护措施，最大限度地保护人身安全，减少财产损失。不同的安全事故（如触电事故、矿井事故、火灾事故、中毒事故等），对人体会造成不同的危害，劳动者所采取的现场救护措施也不尽相同。劳动者应当掌握不同安全事故的救护处理知识，掌握一些典型伤害的救护技术，以便在紧急情况下，救护自己，抢救伤员，及时挽救劳动者的生命。

第一节 常见安全事故的救护与处理方法

常见安全事故主要包括触电事故、中毒事故、火灾事故、矿山事故（如瓦斯爆炸事故、透水事故、冒顶事故等）。发生安全事故，劳动者应采取有效的自救措施；对伤员应及时进行抢救，以挽救他们的生命。

一、触电事故的救护与处理方法

触电事故是劳动安全事故中发生频率最高的事故，也容易造成人员触电伤亡。掌握触电事故的救护与处理方法，对于减少事故造成的损失尤为重要。一旦发生触电事故，除立即向医疗部门告急求援，现场人员应立即采取现场抢救措施，以挽救触电人员的生命。

发生触电事故的救护与处理方法，主要包括迅速解脱电源、现场简单诊断、现场急救 3 大步骤。

1. 迅速解脱电源

（1）对于低压电触电者，解脱电源的方法有：

1）立即拉开开关，切断电源。

2）如无开关，可用有绝缘柄的电工钳或有干燥木柄的斧头切断电线，以断开电源。

3）当电线搭落在触电者身上或被压在身下时，可用绝缘物（如干燥的木棒、竹杆等）作为工具，拉开触电者或拨开电线（切不可用手、金属、潮湿的导电物体直接触碰伤员的身体或触碰伤员接触的电线，以免引起抢救人员自身触电）。

4）如触电者的衣服是干燥的，又没有紧缠在身上，可以用一只手抓住触电者的衣服，将其拉离电源。

（2）对于高压电触电者，解脱电源的方法有：

1）立即通知电力管理部门，尽快拉闸断电。

2）戴上绝缘手套，穿上绝缘靴，用相应电压等级的绝缘工具按顺序拉开电源开关。

3）抛掷裸金属导线，使带电线路短路接地，迫使电路保护装置发生作用，自动断开电源。

提示：当发生触电时，可以用干燥的木棒将搭落在触电者身上的电线拨开。

2. 现场简单诊断

在解脱电源后，伤员往往处于昏迷状态，全身各组织严重缺氧，生命垂危。这时不能用常规诊断方法进行系统检查，而只能用简单有效的方法尽快对伤者心跳、呼吸与瞳孔情况做一判断，以确定采取何种有效的救护方法。

（1）观察伤员是否还存在呼吸。可用手或纤维毛放在伤员鼻孔前，感受和观察是否有气体流动；同时，观察伤员的胸廓和腹部是否存在上下移动的呼吸运动。

（2）检查伤员是否还存在心跳。可直接将耳朵贴近伤者胸部，听是否有心跳的心音，或用手摸伤者的颈动脉、肱动脉，感觉是否有脉搏的搏动。

(3) 观察伤员瞳孔是否扩大，伤员对光线是否有反应。

3. 现场急救方法

针对触电者的伤害程度，抢救人员应分别采取不同的急救方法。

(1) 如果触电者伤势不重、神志清醒，仅有些心慌、四肢发麻、全身无力的感觉；或者触电者在触电过程中曾一度昏迷，现在已经完全清醒过来，这时抢救人员应使触电者安静休息，不要走动，严密观察情况变化并请医生前来诊治或将触电人员送往医院救治。

(2) 如果触电者伤势较重，已失去知觉，但还有心脏跳动和呼吸，抢救人员应使触电者舒适、安静地平卧，周围不要围太多的人，以保持空气流通，解开触电者的衣服以利于呼吸。如天气寒冷，还要注意触电人员的保暖。同时，应速请医生前来诊治或及时将伤者送往医院抢救。

(3) 如果触电者伤势严重，呼吸停止，心脏跳动停止，或二者都已停止，现场抢救人员应立即施行人工呼吸和胸外心脏挤压，并速请医生前来诊治或立即送往医院抢救。

应当注意，急救要尽快地进行，不能等候医生的到来。在送往医院的途中，也不能中止急救。如果现场仅一个人抢救，则口对口人工呼吸和胸外心脏挤压应交替进行。每吹气2~3次，再换成心脏挤压10~15次，如此反复进行。吹气和挤压的速度都应比双人操作的速度要快一些，这样可以提高抢救效果。

二、火灾事故的救护与处理方法

遇到火灾事故，当火势不大，未对人与环境造成重大威胁，其附近有足够的消防器材，应充分利用消防器材尽可能将火扑灭，不可置小火于不顾而酿成火灾。

当火势较大，已失去控制时，不要惊慌失措，应冷静机智地运用火场自救和逃生知识摆脱困境。心理的惊慌和崩溃往往使人丧失绝佳的逃生机会。因此，多掌握一些自救与逃生的知识、技能，把握稍纵即逝的脱险机会，就会在困境中拯救自己，就能赢得更多等待救援的时间，从而获得第二次生命。

1. 熟悉建筑物环境结构，熟悉消防通道及安全门位置

平常每个人要熟悉自己工作场所环境和居住所在地的建筑物结构、安全路标指示、消防通道及逃生路线。若处于陌生环境，如入住宾馆、商场购物、进入娱乐场所时，也务必要留意疏散通道、紧急出口的具体位置及楼梯方位等。这样，一旦发生火灾，就会胸有成竹、临危不惧，就可以迅速安全地逃离火灾现场。

2. 发生火灾时，采取有效方法，及时撤离

突遇建筑物发生火灾，面对浓烟和大火，首先要使自己保持镇静，迅速判断危险地点和安全地点，果断决定逃生的办法或路线，尽快撤离。如果火灾现场人员较多，切不要互相拥挤、盲目跟从或乱冲乱撞，应有组织、有秩序地进行疏散。撤离时要朝明亮或外面空旷的地方跑，同时尽量向楼下跑。若通道已被烟火封阻，则应背向烟火方向离开，通过阳台、窗口、天台等往室外逃生。如果现场烟雾很大或断电，能见度低，无法辨明方向，则应贴近墙壁或按指示灯的提示，摸索前进，寻找安全出口。

3. 利用消防通道撤退，不可进入电梯逃生

在高层建筑中，电梯的供电系统在火灾中随时会断电；因强热作用，电梯部件也容易发生变形从而导致电梯卡死，这些因素都会使电梯在中途不能移动而将人困在电梯内。这时，由于电梯井犹如贯通的烟囱，直通各楼层，火灾引起的有毒烟雾极易被灌入电梯中，直接威胁被困人员的生命。因此，火灾时千万不可乘坐普通的电梯逃生，而要根据情况选择相对较为安全的楼梯、消防通道逃生。此外，还可以利用建筑物的阳台、窗台、天台屋顶等结构，攀爬到周围较为安全的地方进行躲避。

4. 通过建筑物内的高空缓降器或救生绳，逃离危险楼层

在救援人员不能及时赶到的情况下，可以利用身边的绳索或床单、窗帘等自制简易救生绳，用水淋湿，然后从窗台或阳台沿绳滑下；还可以沿着水管、避雷线等物体滑到地面。如果逃生要通过充满烟雾的路线，可使用毛巾或口罩蒙住口鼻，同时身体尽量贴近地面匍匐前行；如果逃生要穿过烟火封锁区，应向头部、身上浇透冷水或用湿毛巾、湿棉被将自己裹起来，再从烟火区冲过去，这样可以减少人体的烧伤。

5. 准确判断情况，选择正确的逃生方案

（1）假如用手触摸房门感到十分烫手，或已知房间被火围困，切不可打开房门，而应关紧迎火的门窗，打开背火的门窗，并用湿毛巾或湿布条塞住迎火门窗缝隙，或者用水浸湿棉被蒙上门窗，以防止烟火侵入，固守待救。

（2）被烟火围困暂时无法逃离的人员，应尽量站在阳台或窗口等易于被人发现和能避免烟火近身的地方。在白天，可以向窗外晃动鲜艳衣物；在晚上，可以用手电筒在窗口闪动或者敲击金属物、大声呼救等方式，及时发出有效的求救信号，引起救援者的注意。

提示：火灾逃生的重要技巧是，用湿毛巾捂住口鼻，贴近地面向安全通道转移。

三、矿井事故的救护与处理方法

矿井易发生的事故主要有瓦斯爆炸事故、透水事故和冒顶事故。当井下发生安全事故，造成灾害时，在救护人员和医生到达之前，事故地点及附近的职工应迅速组织自救和互救，应充分利用现场一切器材和条件，及时采取救护措施，尽量减少人员伤亡。

在进行救护时，救护人员应注意以下一些救护知识：一是注意戴上防护器材，如事故造成有毒或有害气体含量增高，可能危及人员生命安全，救护人员必须及时正确地佩戴自救器，严禁不佩戴自救器的人员进入灾区开展救护工作；二是在救护过程中如发现受伤人员,应组织有经验的人员积极进行现场抢救,并迅速将伤员搬运到安全地点;三是对从灾区内营救出来的伤员,应妥善安置到安全地点,根据伤情就地取材,及时进行止血、包扎、骨折固定、人工呼吸等应急处理;四是在现场急救和搬运伤员过程中,方法要得当,动作要轻巧,避免伤员伤情扩大和受不必要的痛苦。

1. 矿井瓦斯爆炸事故的救护处理

当井下发生瓦斯、煤尘等爆炸事故时,井下被困矿工可采取如下方法进行自救和救护:

(1) 迅速背向空气震动的地方,脸向下卧倒,头要尽量低些,用湿毛巾捂住口鼻,用衣服等物盖住身体,使肉体的外露部分尽量减少。

(2) 迅速戴好自救器,辨清方向,沿避灾路线尽快进入新鲜风流区,及时离开灾区。撤离中,要由有经验的矿工师傅带队。如不知道撤退路线是否安全,就要设法找到永久避难硐室或自己构造临时硐室暂时躲避,安静而耐心地等待井外人员救护。

(3) 避灾中,每个人都要自觉遵守纪律,听从指挥,并严格控制矿灯的使用。要主动照顾受伤人员,还要时时敲打铁道或铁管,发出呼救信号;要派有经验的老工人(至少两人同行)出去侦察,经过探险确认安全后,大家方可向井口退出。撤退时应在沿途做上信号标记,以便救护队跟踪寻找。如有可能,应尽量在井内寻找到电话,以便及早同外界取得联系。

2. 矿井火灾事故的救护处理

当发生火灾时,要立即向领导或调度室汇报,请求井外救护队救援,或进行自救避灾。具体救护措施如下:

(1) 沉着冷静,迅速戴好自救器。

(2) 位于火源进风侧人员,应迎着新风流方向撤退。位于火源回风侧人员,如果距火源较近,且火势不大时,应迅速冲过火源撤到进风侧,然后迎风撤退;如果无法冲过火区,则沿回风侧撤退一段距离，尽快找到捷径绕到新鲜风流中再撤退。

（3）如果井道已经充满烟雾，也不要惊慌，要迅速辨认发生火灾的地区和风流方向，然后俯身摸着铁道或铁管有秩序地外撤。

3. 井下透水事故的救护处理

井下透水事故是煤矿生产中的主要灾害之一。一旦发生井下透水事故，井下作业人员可采取下列方法进行避灾自救：

（1）首先要尽力判明水源性质（如水源属含水层、断层水、老空水），并用最快的方式通知附近地区的工作人员一起按规定的路线撤出。要用双手抓扶支架顶住水头冲击，向高处攀爬行走，依次进入上一个平台，最后逃出矿井。

（2）假如出路已经被水隔断，就要迅速寻找井下位置最高、离井筒最近的地方暂时躲避。同时，定时在轨道或水管上敲打，不断发出呼救信号。

（3）人员撤出透水地区以后，要立即紧紧关闭防水闸门。

4. 冒顶事故的救护处理

当井下发生冒顶事故，矿工可采取如下自救措施：

（1）要千方百计减少个人呼吸量，静卧休息，并注意加强支护，以防继续冒顶。

（2）如果有隔离式自救器，应在感觉呼吸困难时佩戴，被堵处如果有压风管路，可打开管路上的阀门以提供氧气。

（3）若发现堵住出口的煤矸量不大，有可能扒通出口时，应采取轮流攉煤矸的方法，将煤矸移开，以便逃生；在攉煤矸时要注意顶板安全，防止继续冒顶，同时要经常敲打金属物体，不断向救护人员发出呼救信号。

四、化学中毒事故的救护与处理方法

接触危险化学品的职工，应了解本企业、本班组各种化学危险品的危害，熟悉厂区建筑物、设备、道路情况，必要时能以最快的速度报警或采取正确的方法逃生。同时，企业应向职工提供必要的防护设备,进行防毒知识培训;应制定和完善毒气泄漏事故应急计划,并定期组织员工进行防毒和救护演练,让每一个职工都了解应急方案,都掌握救护知识,提高职工应付毒气泄漏事故的应变能力,做到遇灾不慌、临阵不乱,正确判断和处理事故,增强职工自我保护意识和救护能力。

1. 发生化学中毒事故的救护与处理

(1) 当发生化学中毒事故,抢救人员如需进入中毒危险区域,必须戴好防毒面具、自救器等防护用品。

(2) 抢救中如发现有中毒人员,应根据环境条件及中毒情况,确定是否给中毒人员戴上防毒面具,并迅速将中毒者小心地从危险环境转移到安全、通风的地方。

(3) 如果中毒人员已失去知觉,可将其放在毛毯上提拉(或抓住衣服),头部朝前,拉动毛毯将中毒人员转移到安全地方。

(4) 脱去中毒人员被污染的衣服,松开领口和腰带,使中毒者能够顺畅地呼吸新鲜空气。

(5) 如果毒物污染了眼部、皮肤,应立即用水冲洗。

(6) 对于口服毒物的中毒者,可用手指刺激舌根,设法使其呕吐。

(7) 对于腐蚀性毒物中毒者,可让其口服牛奶、蛋清或植物油,以缓解毒性,进行救护。

2. 发生毒气事故的救护与处理

(1) 发生毒气泄漏事故,现场人员不要恐慌,不要漫无目标地乱跑,应服从统一指挥,井然有序地从安全通道撤离。

(2) 抢救人员应采取相应的监护措施对毒气泄漏现场进行浓度监护,以便根据毒气泄漏情况采取有效的处理措施。

(3) 当无人指挥撤离时,毒气泄漏环境中的人员应抓紧宝贵的时间,当机立断,选择正确的逃生方法撤离。

(4) 逃生时要根据泄漏物质的特性,尽可能佩戴有效的个人防护用具;如无防护用具,应用湿毛巾或衣物捂住口鼻。

(5) 毒气扩散是顺着风向流动的，逃生人员应沉着冷静确定风向，根据毒气泄漏源位置，选择向上风口方向或沿侧风方向转移撤离。

(6) 根据泄漏物质的相对密度，确定是选择沿高处逃生还是向低洼处逃生，一般密度大于空气的有毒气体泄漏时，应选择向高处逃生；密度小于空气的有毒气体泄漏时，应选择向低洼处逃生。

提示：在毒气泄漏现场抢救中毒人员时，抢险人员要戴上防毒用具；对失去知觉的中毒人员，可用毛毯将其转移到安全地带。

第二节 常见事故伤害的现场救护

一、人工呼吸救护

人工呼吸救护，就是采取人工的方法来代替肺的呼吸活动，及时而有效地使气体有节律地进入和排出肺脏，以供给体内足够氧气，并促使呼吸中枢尽早恢复呼吸功能。人工呼吸救护是复苏伤员的一种重要的急救措施。

1. 人工呼吸操作步骤

(1) 保持环境安静，如是冬季还要为伤员保暖，让伤员仰卧，解开伤员衣领，松开围巾及紧身衣服，放松裤带，以便呼吸时胸廓自然扩张。

(2) 在伤员的肩背下方垫上软物，使伤员的头部充分后仰，以减少气流的阻力，保持呼吸道尽量畅通；在伤员的肩背下方垫上软物还可以防止舌根陷落，堵塞气流通道。

(3) 将病人嘴巴掰开，用手指清除口腔中的异物，如假牙、分泌物、血块、呕吐物等，以免阻塞呼吸道。

(4) 抢救者站在伤员的一侧，用靠近伤员头部的手紧捏住伤员的鼻子（避免漏气），并将手掌外缘压住其额部；另一只手托在伤员颈部，将其颈部微微上抬，头部充分后仰，鼻孔呈朝天位，使嘴巴张开准备接受吹气。

（5）抢救者先吸一口气，然后将嘴紧贴伤员的嘴大口吹气，同时观察其胸部是否膨胀隆起，以确定吹气是否有效和吹气是否适度。

（6）吹气停止后，抢救者头稍侧转，并立即放松捏鼻子的手，让气体从伤员的鼻孔排出。此时注意胸部复原情况，倾听呼气声，观察有无呼吸道梗阻现象。

（7）如此反复而有节律地进行人工呼吸，不可中断，直至伤员呼吸功能恢复。每分钟吹气应在12～16次。

2. 人工呼吸注意事项

（1）开始时吹气压力可略大些，吹气频率也可稍快些，经过一二十次人工吹气后，可逐渐减少压力，只要吹气压力能维持胸部轻度升起即可。

（2）遇到伤者嘴巴掰不开的情况，可改用口对鼻孔吹气的办法，吹气时压力稍大些，时间稍长些。

（3）采用人工呼吸法，直到伤员出现自动呼吸时，方可停止。但此时仍要注意观察呼吸情况，以防伤者出现再次停止呼吸。一旦再次停止呼吸，应继续进行人工呼吸。

二、体外心脏挤压复苏救护

体外心脏挤压，是指通过人工方法有节律地对心脏挤压，来代替心脏的自然收缩，从而达到维持血液循环的目的，进而恢复心脏的自然节律，挽救伤员的生命。

1. 体外心脏挤压的具体操作步骤

（1）使伤员就近仰卧于硬板上或地上，注意为伤员保暖，解开伤员衣领，使其头部后仰侧偏。

（2）抢救者站在伤员左侧或跪跨在病人的腰部。

（3）抢救者以一手掌根部置于伤员胸骨下1/3段（中指对准其颈部下缘），另一只手掌交叉重叠于该手背上，肘关节伸直。

(4) 依靠体重和臂、肩部肌肉的力量，垂直用力，向脊柱方向冲击性地用力施压胸骨下段，使胸骨下段与其相连的肋骨下陷3～4厘米，从而间接压迫心脏，使心脏内血液搏出。

(5) 挤压后突然放松（注意掌根不能离开胸壁），依靠胸廓的弹性，使胸骨复位。此时心脏舒张，大静脉的血液回流到心脏。

(6) 反复挤压，直到心脏恢复功能。

2. 体外心脏挤压的注意事项

(1) 在操作时手掌定位要准确，用力要垂直向下且用力要适当，要有节奏地反复进行，不可突然变快或突然变慢。

(2) 要防止用力过猛，以免造成继发性组织器官的损伤或肋骨骨折。

(3) 挤压频率一般控制在每分钟60～80次，但特殊情况下为了提高心脏恢复效果，可增加挤压频率到每分钟100次左右。

(4) 抢救时必须同时兼顾心跳和呼吸。

(5) 抢救工作一般需要很长时间，在没送到医院之前，抢救工作不能停止。

三、烧伤救护

烧伤包括火焰烧伤，热蒸汽（或热液体）烧伤，烧热的固体造成的烧伤，化学烧伤和电烘伤等。

1. 热烧伤救护

由于火焰、开水、蒸汽、热液体或热固体直接接触人体所引起的烧伤，都属于热烧伤。发生热烧伤事故，应立即在出事现场对伤者采取急救措施，尽快使其与致伤因素脱离接触，以免继续损害深层组织。

(1) 灭火。如伤员发生热烧伤且身上仍有火焰或火星，第一种办法是脱掉燃烧着的衣服以达到灭火的目的；第二种办法是当一时难以脱下燃烧的衣服时，可让伤员躺在地上滚动以扑灭火焰；第三种办法是用水喷洒到伤者身上以扑灭火焰；第四种办法是让伤员跳入附近浅河沟或水池中灭火,若仅某一肢体着火,可把肢体直接浸入冷水中灭火。

灭火时,切勿采取奔跑方式或用手拍打方式去灭火,这样灭火会助长火势蔓延,也容易烧伤手指。

(2) 包扎。当伤员脱离致伤物,身上火焰及火星被扑灭后,要及时用清洁包布为其覆盖烧伤面,做简单包扎,避免创面污染。包扎时要小心,不要把水疱弄破,更不要在创面上涂抹任何有刺激性的液体或不清洁的粉和油剂。这样不仅不能减轻伤者的疼痛,相反还容易引起感染,为下一步进行创面处理和医疗增加困难。

伤员如口渴,可准备适量饮用水或食盐饮料供伤员饮用。

(3) 送医院。伤员经现场简单处理后,应迅速转送附近医院救治。

转送过程中要注意观察伤者呼吸、脉搏、血压等的变化,根据情况及时采取抢救措施。

(4) 特殊部位烧伤救护注意事项。特殊部位是指人体有特殊功能的部位,如头面部、呼吸道等。当头面部发生烧伤时,由于头面部是一个多器官、多功能的部位,烧伤后常会极度肿胀,且容易引起继发性感染,导致畸形和功能障碍。因此,在抢救时要特别注意。

呼吸道也是人体特殊部位。当吸入热气流或热蒸汽时,会造成呼吸道烧伤,使呼吸道黏膜充血水肿,严重者甚至黏膜坏死、脱落,引起气道阻塞。当吸入火焰烟雾或化学蒸气烟雾时,烧伤会更为严重,烟雾使支气管痉挛,使肺脏充血水肿,通气功能降低,造成呼吸窘迫。抢救时,要注意保持呼吸道畅通,避免因呼吸道堵塞引起窒息。

2. 化学烧伤救护

(1) 化学烧伤的类型。常见的化学烧伤,一类是碱烧伤,如氢氧化钠、生石灰等造成的烧伤,其特点是烧伤穿透力较强,在烧伤2天内损伤会逐渐向深层组织扩大,使组织细胞脱水;另一类是酸烧伤,如硫酸、硝酸、盐酸等造成的烧伤,这种烧伤一般不会向深层组织扩散,伤口较浅,局部肿胀较轻,创面较干燥,常有局部持续疼痛。

(2)化学烧伤的救护。发生化学烧伤时,应迅速清除残留在创面上的化学物质,以减少化学物质对创面的继续损伤。如果化学品溅到皮肤或眼睛上,要用大量水冲洗皮肤或眼睛(至少10分钟),切忌用手或手帕揉眼睛。如果衣服被化学物质污染,应立即脱掉(或将污染的部位撕掉),并用大量水冲洗衣服上的化学物质。

发生化学烧伤,可采用酸碱中和方法进行救护和治疗。发生酸烧伤时,可用浓度为2%的苏打水、石灰水、氢氧化镁或肥皂水等碱性物质进行冲洗,然后用弱酸(浓度为2%的醋酸溶液)冲洗。经清水冲洗和酸碱中和处理后的创面,可防止继发性感染和再损伤。

经现场救护后,应立即送医院进行治疗。

四、创伤救护

发生身体外部创伤,主要采取止血、包扎、固定、搬运4个方面的救护。

1. 止血

止血的方法主要有压迫止血法、止血带止血法、加压包扎止血法和加垫屈肢止血法。

(1)压迫止血法适用于头、颈、四肢动脉大血管出血的临时止血。当伤员负伤以后,只要立刻果断地用手指或手掌用力压紧靠近心脏一端的动脉跳动处,并把血管压紧在骨头上,就能很快取得临时止血的效果。

(2)止血带止血法适用于四肢大血管出血,尤其是动脉出血。用止血带(一般采用橡皮管,也可以用纱布、毛巾、布带或绳子等代替)绕肢体绑扎打结固定,或在结内穿一根短木棍,转动此棍,绞紧止血带,直到不流血为止。然后把棒固定在肢体上。在绑扎和绞止血带时,不要过紧或过松。过紧会造成皮肤和神经损伤,过松则起不到止血的作用。

(3)加压包扎止血法适用于小血管和毛细血管的止血。先用消毒纱布(如果没有消毒纱布,也可用干净的毛巾)敷在伤口上,再加上棉花团或纱布卷,然后用绷带紧紧包扎,以达到止血的目的。假如伤肢有骨折,还要另加夹板固定。

(4)加垫屈肢止血法多用于小臂和小腿的止血,它利用肘关节或膝关节的弯曲功能压迫血管达到止血的目的。在肘窝或膝窝内放入棉垫或布垫,然后使关节弯曲到最大限度,再用绷带将前臂与上臂(或小腿与大腿)固定。假如伤肢有骨折,也必须先用夹板固定。

2. 包扎

对创伤进行包扎,一方面可以止血,另一方面也可以固定肢体。包扎技术包括头及面部的包扎技术,肢体的包扎技术和躯干的包扎技术。

(1)头及面部外伤包扎方法。

1)头面部风帽式包扎法(见图5—1)。头面部都有伤时可采用此包扎方法。先在三角巾顶角和底部中央各打一个结,形式像风帽一样。把顶角结放在前额处,底结放在后脑部下方,包住头顶,然后再将两顶角往面部拉紧,向外反折成三四指宽,包绕下颌,最后拉至后脑枕部打结固定。

图5—1 头面部风帽式包扎示意

2)头顶式包扎法(见图5—2)。当外伤在头顶部时可采用此包扎方法。把三角巾底边折叠两指宽，中央放在前额，顶角拉向后脑，两底角拉紧，经两耳上方绕到头的后枕部，压着顶角，再交叉返回前额打结。如果没有三角巾，也可改用毛巾。先将毛巾横盖在头顶上，前两角反折后拉到后脑打结，后两角各系一根布带，左右交叉后绕到前额打结。

图5—2 头顶式包扎示意

3）面部面具式包扎法。当面部受伤时可采用此包扎方法。先在三角巾顶角打一结，使头向下，提起左右两个底角，形式像面具一样。再将三角巾顶结套住下颌，罩住头面，底边拉向后脑枕部，左右角拉紧，交叉压在底部，再绕至前额打结。包扎后，可根据情况在眼和口鼻处剪开小洞。

4）单眼包扎法（见图5—3）。如果眼部受伤，可将三角巾折成四横指宽的带形，斜盖在受伤的眼睛上。三角巾长度的1/3向上，2/3向下。下部的一端从耳下绕到后脑，再从另一只耳上绕到前额，压住眼上部的一端，然后将上部的一端向外翻转，向脑后拉紧，与另一端打结。

图5—3 单眼包扎示意

· 155 ·

(2) 四肢外伤包扎方法。

1) 三角巾手足包扎法。将手掌（或脚掌）心向下放在三角巾的中央，手指（脚趾）朝向三角巾的顶角，底边横向腕部，把顶角折回，两底角分别围绕手（脚）掌左右交叉压住顶角后，在腕部打结，最后把顶角折回，用顶角上的布带固定（见图5—4）。

图5—4 三角巾手足包扎示意

2) 三角巾上肢包扎法。如果上肢受伤，可把三角巾的一底角打结后套在受伤的那只手臂的手指上，把另一底角拉到对侧肩上，用顶角缠绕伤臂，并用顶角上的小布带包扎。然后，把受伤的前臂弯曲到胸前，呈直角形，最后把两底角打结（见图5—5）。

图5—5 三角巾上肢包扎示意

(3) 躯干包扎方法（见图5—6至5—8）。当背部受伤时，可采用背部三角巾包扎法；当胸部受伤时，可采用胸部三角巾包扎法；当下腹部和会阴部受伤时，可采用下腹部及会阴部包扎法。

图 5—6 胸部包扎示意

图 5—7 下腹部包扎示意　　图 5—8 会阴部包扎示意

3. 固定

(1) 上肢肱骨骨折固定法（见图 5—9）。用一块夹板放在骨折部位的外侧，中间垫上棉花或毛巾，再用绷带或三角巾固定。若现场无夹板，则用三角巾将上臂固定于躯干。方法是：三角巾折叠成宽带后通过上臂骨折部绕过胸部在对侧打结固定，前臂悬吊于胸前。

图 5—9 上肢肱骨骨折固定示意

（2）股骨骨折固定法。用两块夹板，其中一块的长度与腋窝至足跟的长度相当，另一块的长度与伤员的腹股沟到足跟的长度相当。长的一块放在伤肢外侧腋窝下并和下肢平行，短的一块放在两腿之间，用棉花或毛巾垫好肢体，再用三角巾或绷带分段绑扎固定。

4. 搬运

搬运伤员也是救护的一个非常重要的环节。如果搬运不当，可使伤情加重，难以治疗。因此，对伤员的搬运应十分小心。

（1）扶、抱、背搬运法。

1）单人扶着行走。左手拉着伤员的手，右手扶住伤员的腰部，慢慢行走。此法适于伤员伤势较轻，神志清醒时使用。

2）肩膝手抱法。伤员不能行走，但上肢还有力量，可让伤员的手钩在搬运者的颈上。此法禁用于脊椎骨折的伤员。

3）背驮法。先将伤员支起，然后背着走。

4）双人平抱着走。两个搬运者站在同侧，抱起伤员运走。

（2）不同伤情的不同搬运方法。

1）脊柱骨折搬运。使用木板做的硬担架，应由2～4人抬，使伤员成一线起落，步调一致。切忌一人抬胸，一个抬腿。要让伤员平躺，腰部垫一个衣服垫，然后用3～4根皮带把伤员固定在木板上。

2）颅脑伤昏迷搬运。搬运时要两人重点保护头。放在担架上应采取半卧位，头部侧向一边，以免呕吐时呕吐物阻塞气道而窒息。

3）颈椎骨折搬运。搬运时，应由一人稳定头部，其他人以协调力量平直抬担架，头部左右两侧用衣物、软枕加以固定。

4）腹部损伤搬运。严重腹部损伤者，多有腹腔脏器从伤口脱出，可采用布带、绷带固定。搬运时采取仰卧位，并使下肢屈曲。

（3）伤员转送注意事项。

1) 迅速。伤员经过现场处理后，应争取时间尽快转送到已联系好的医院或急救中心，通知医院可能到达的时间。

2) 安全。在搬动和转运途中应避免对伤者的再次创伤，更应防止医源性损害，如输液过快引起肺水肿、脑水肿，输入血制品引起溶血反应等。对有呕吐和意识不清的伤员，要防止胃内容物吸入气管而引起窒息。应持续监护，发生病危时，及时抢救生命。

3) 平稳。在救护车内一般应保持伤员足向车头，头向车尾平卧。驾车要稳，刹车要缓。为使伤员情绪稳定，转运途中要镇痛，记录止痛剂的名称、药量和用药时间。颅脑损伤、腹部损伤时，要慎用麻醉止痛药。

思考题

1. 触电事故现场救护的步骤有哪些？
2. 烧伤后在事发现场怎样进行救护？
3. 创伤救护有哪些内容？
4. 人工呼吸的基本要领有哪些？
5. 胸外心脏挤压的基本要领有哪些？

第六章 工伤保险知识

第一节 工伤保险概述

一、工伤保险概念

工伤保险也叫职业伤害保险,是国家为了保障因工作遭受事故伤害或者患职业病的职工获得医疗救治和经济补偿,促进工伤预防和职业康复,分散用人单位的工伤风险所建立的一项公共制度。劳动者由于工作原因,在劳动过程中遭受意外伤害、负伤、致残、致死,或因接触粉尘、有毒有害物质等职业危害因素而患上职业病后,本人及其家属丧失生活来源,生活难以维持,有从企业或者国家和社会获得物质帮助、经济补偿和社会服务的权利。

工伤保险实行社会统筹,由企业按照其职业风险的大小,为职工缴纳工伤保险费用(职工个人不用缴纳费用),建立工伤保险基金。当职工发生工伤事故,由工伤保险基金向工伤职工支付医疗费用及其他伤残补助,以此保障职工基本生活,解除职工后顾之忧,解决企业和职工双方应对工伤风险的问题。

2003年4月,国务院颁布了《工伤保险条例》,对工伤保险的适用范围,工伤保险资金的筹集,工伤职工医疗救治和经济补偿,工伤预防和职业康复,工伤认定程序都作了统一的规定。

二、工伤保险的任务

工伤保险的根本任务是保障劳动者基本生活,保护劳动者的劳动安全与身体健康,促进社会安定,促进生产发展。工伤保险具体承担着经济补偿、工伤预防、职业康复三大任务。

1. 经济补偿任务

工伤经济补偿是工伤保险首要的、直接的任务。工伤保险实行的是"无责任补偿"或称"无过错补偿"原则,即一旦发生意外,不管是不是受伤者本人的过错或责任,只要是工伤,都能得到经济补偿。这种经济补偿主要是根据因工负伤、致残、死亡的不同情况和不同程度,提供法定标准的补偿。经济补偿主要以现金形式,直接支付给工伤职工本人。

2. 工伤预防任务

工伤预防是指事先对职业伤亡事故及职业病的发生加以防范,以减少工伤事故及职业病的发生,消除工伤隐患,创造有利于劳动者健康和安全的生产环境和工作条件。从这个意义上讲,也可以说,事故和职业病的预防是工伤保险的首要任务。按照我国法律对职业安全卫生的要求,用人单位应采取必要的措施防范工伤事故和职业病,加强安全教育和安全管理,积极主动地保护职工的安全和健康权利。

3. 职业康复任务

职业康复是指利用各种手段,帮助伤残人员恢复健康,恢复生活能力和工作能力,使职工能重返工作岗位或选择其他合适的职业。这些手段包括医学治疗、运动治疗、语言训练、假肢安装、职业指导和护理等。

三、工伤保险的范围

《工伤保险条例》规定,凡是我国境内的各类企业和个体工商户都应依法参加工伤保险,为本单位全部职工或者雇工缴纳工伤保险费。各类企业的职工和个体工商户的雇工,均有依法享受工商保险待遇的权利。

根据条例规定,凡是我国境内的各类企业的职工和个体工商户的雇工,均享有工伤保险待遇权利,不管劳动者与用人单位是否签订书面劳动合同,不管企业的用工形式如何,不管劳动者的用工期限长短,也不管劳动者的身份是什么。凡在我国境内的各类企业、有雇工的个体工商户，都有义务参加工伤保险，为本单位全部职工缴纳工伤保险费。"各类企业"涵盖了投资者所有制性质和企业组织方式各不相同的各类企业，既包括个体工商户、农村集体所有制企业、城镇集体所有制企业、私营企业，也包括股份有限公司、有限责任公司、个人独资公司、合伙企业以及其他企业化经营的事业单位。

提示：按照《工伤保险条例》规定，工伤保险的范围应当包括城镇企事业全体职工，也包括个体工商户雇工、企业临时工。

四、单位变更时的工伤保险责任

当原用人单位通过分立、合并、转让等方式发生变更后，新的承继单位应当承担原用人单位的工伤保险责任，并支付该由原用人单位支付的工伤保险费用。

当企业实行对外承包经营时，承包者与职工之间没有保险责任关系，工伤保险责任仍由原单位或职工劳动关系所在单位承担，工伤保险费用也由原单位或职工劳动关系所在单位支付。

当职工从本单位被借调到其他单位工作时，在借调工作期间受到工伤事故伤害，由原用人单位承担工伤保险责任，支付工伤保险费用，但原用人单位与借调单位可以通过协商约定工伤保险待遇补偿协议。

当用人单位破产时，在破产清算中，应优先拨付依法应由单位支付的工伤保险待遇费用，剩余财产才可以由债权人进行分割。

无营业执照或者未经依法登记、备案的单位以及被依法吊销营业执照或者撤销登记、备案的单位，其职工受到事故伤害或者患职业病的，由该单位向伤残职工或者死亡职工的直系亲属给予一次性赔偿，赔偿标准不得低于《工伤保险条例》规定的工伤保险待遇。

第二节 工伤认定

一、工伤的定义

工伤是指职工在工作时间、工作场所,执行本职工作或者从事有利于本单位的工作,以及从事抢险救灾救人等维护国家、社会利益的工作所发生的伤、残、亡等事故。我国《工伤保险条例》规定,工伤不仅包括职工从事本单位直接生产工作遭受的事故伤害,也包括患各种职业病造成的负伤、致残或死亡,还包括政策规定的从事与企业生产工作有密切关系或有利于国家、社会利益工作所遭受的意外伤亡。

二、工伤认定的条件

不是所有事故造成的负伤、致残和死亡都能认定为工伤,只有符合规定条件才能够认定为工伤。对此,《工伤保险条例》规定了6种应当认定为工伤的情形:

1. 在工作时间和工作场所内,因工作原因受到事故伤害的,应认定为工伤

确认工伤最关键、最基本的条件是工作时间、工作场所和工作原因,这也是认定工伤最重要的依据,三者缺一不可。比如在工作时间内,脱离工作岗位干与自己本职工作无关的事情所发生的事故,就不能认定为工伤。但在工作时间和工作场所内,由于其他不安全因素或发生偶然事件造成的伤害,并非本人行为所致,可以认定为工伤。

2. 工作时间前后在工作场所内,从事与工作有关的预备性或者收尾性工作受到事故伤害的,应当认定为工伤

因为在上下班前后或交接班的这一段时间,虽然还没有进入工作过程,但职工是在为顺利开展工作做预备性或收尾性的工作,把在这个时间内发生的意外事故视为在工作时间内由于工作导致的伤害,认定为工伤,充分体现了实事求是地、最大限度地

保护劳动者合法权益的精神。

3. 在工作时间和工作场所内,因履行工作职责受到暴力等意外伤害的,认定为工伤

我们知道,有的工作部门或工作岗位是有一定风险的。如在公安、税务、司法部门工作的人员,在执法过程中,遇到不法之徒的暴力伤害、报复袭击造成伤害。规定发生这种情形应认定为工伤,可以弘扬正气,维护社会安定。

4. 患职业病的可以认定为工伤

职业病是劳动者在生产劳动及其他职业活动中,接触职业性有害因素引起的疾病,不是普通疾病。卫生部、劳动和社会保障部 2000 年颁布的《职业病目录》规定的 10 类 115 种职业病为国家规定的职业病范围,只要是因工作原因引起的,又属《职业病目录》中的任何一种职业病例,都应认定为工伤。

5. 因工外出期间,由于工作原因受到伤害或者发生事故下落不明的,应认定为工伤

在职工受用人单位的指派因工外出完成任务期间,发生非本人主要责任的事故造成的意外伤害,应当认定为工伤。职工因工外出,下落不明的时间达《工伤保险条例》规定的时间,职工家属可以通过公安机关的认定和法院的裁定,向劳动保障部门提出工伤认定。

6. 在上下班途中,受到机动车事故伤害的,也应认定为工伤

由于职工上下班是为了工作,而不是为了私事,因此,造成的交通事故伤害也应认定为工伤。

《工伤保险条例》还规定了视同工伤的 3 种情形:一是在工作时间和工作岗位,突发疾病死亡或在 48 小时内经抢救无效死亡的;二是在抢险救灾等维护国家利益、公共利益活动中受到伤害的;三是职工原在军队服役,因战、因公负伤致残,已取得革命伤残军人证,到用人单位后旧伤复发的。

另外,《工伤保险条例》也规定了不得认定为工伤的3种情形:一是因犯罪或者违反治安管理造成伤亡的;二是醉酒导致伤亡的;三是自残或自杀造成伤亡的。

三、工伤认定的程序

1. 提出工伤认定申请

职工发生事故伤害或者按照职业病防治法规定被诊断、鉴定为职业病,所在单位应当自事故伤害发生之日或者被诊断、鉴定为职业病之日起30日内,向统筹地区劳动保障行政部门提出工伤认定申请。

用人单位不按规定提出工伤认定申请的,工伤职工或其直系亲属、工会组织在事故伤害发生之日或者被诊断、鉴定为职业病之日起1年内,可以直接向统筹地区劳动保障行政部门提出工伤认定申请。

用人单位未在规定时限内提交工伤认定申请的,在此期间发生的工伤待遇等有关费用由该单位负担。

2. 提出工伤认定申请应提交的资料

(1) 工伤认定申请表,包括事故发生的时间、地点、原因以及职工伤害程度等基本情况。

(2) 与用人单位存在劳动关系(包括事实劳动关系)的证明材料。

(3) 医疗诊断证明或者职业病诊断证明书(或者职业病诊断鉴定书)。

申请人提供材料不完整的,劳动保障行政部门应当一次性书面告知需要补充的全部材料。申请人按照要求提交补充材料后,劳动保障行政部门应当及时受理。

3. 调查核实

劳动保障部门受理工伤认定申请表后,根据审核需要应对事故伤害进行调查核实,用人单位、职工、工会组织、医疗机构以及有关部门应当协助劳动保障部门进行事故调查核实。

4. 工伤认定

劳动保障行政部门应当自受理工伤认定申请之日起60日内作出工伤认定的决定，并书面通知申请工伤认定的职工或者其直系亲属和该职工所在单位。

四、职业病的认定

1. 职业病概念

职业病是指劳动者在生产劳动中及其他职业活动中接触职业性有害因素引起的疾病。

国家规定了职业病的范围，包括职业中毒（如铅、汞及其化合物中毒，光气中毒等），尘肺（如矽肺、石棉肺等），物理因素职业病（如中暑、减压病、高原病等），职业传染病（如炭疽、森林脑炎等），职业性皮肤病（如接触性皮炎、光敏性皮炎等），职业性耳鼻喉病（如噪声聋），职业性肿瘤（如石棉所致肺癌、苯所致白血病等），其他职业病（如化学灼伤、职业性哮喘等）。

2. 职业病的诊断和处理

职业病的诊断按卫生部《职业病诊断管理办法》及其有关规定执行，一般由省级人民政府卫生行政部门批准的医疗卫生机构进行职业病的诊断、鉴定。

凡被确诊患有职业病的职工，职业病诊断机构将发给《职业病诊断证明书》，职业病人凭该证明书向劳动保障部门申请工伤认定。经认定后，即可享受国家规定的工伤保险待遇或职业病待遇。

五、劳动能力鉴定

职工如发生工伤，经治疗伤情相对稳定后，仍存在残疾，影响劳动能力和生活能力，这时应当进行劳动能力鉴定。通过劳动能力鉴定，以此确定工伤伤残程度和工伤伤残等级。工伤伤残等级是工伤保险待遇水平确定的主要依据。

1. 劳动能力鉴定的标准

劳动能力鉴定是指对工伤职工身体受到的伤害和病变情况进

行的劳动功能障碍程度和生活自理障碍程度的等级鉴定。

《工伤保险条例》规定劳动功能障碍分为10个等级，最重的为一级，最轻的为十级；规定生活自理障碍分为3个等级，即生活完全不能自理、生活大部分不能自理、生活部分不能自理。

对工伤造成的劳动能力丧失程度和护理依赖程度鉴定标准为《职工工伤与职业病致残程度鉴定》（GB/T 16810—1996）。标准规定，根据伤病者在医疗期满时的器官损伤、功能障碍及其对医疗与护理的依赖程度，并适当考虑由于伤残引起的社会心理因素，对伤残程度进行综合判定分级。工伤致残等级分为10级，1～4级为全部丧失劳动能力，5～6级为大部分丧失劳动能力，7～10级为部分丧失劳动能力。

2. 劳动能力鉴定部门

劳动能力鉴定部门主要是省级劳动能力鉴定委员会和设区的市级劳动能力鉴定委员会。委员会成员分别由省级或设区的市级劳动保障行政部门、人事行政部门、卫生行政部门、工会组织、经办机构代表以及用人单位代表组成。

3. 劳动能力鉴定程序

由用人单位、工伤职工或者其直系亲属向设区的市级劳动能力鉴定委员会提出劳动能力鉴定申请，并提供工伤认定决定通知书和职工工伤医疗的有关资料（如身份证、照片、病历、诊断证明、检验报告、鉴定申请书）。

劳动能力鉴定委员会在收到劳动能力鉴定申请后，组织专家进行鉴定并提出鉴定意见，给出鉴定结论。该结论在收到劳动能力鉴定申请之日起60天内作出。

第三节　工伤保险待遇

工伤保险待遇主要包括工伤医疗待遇、伤残待遇和工亡待遇三部分。

一、工伤医疗待遇

职工因工作遭受事故伤害或者患职业病,需到医院进行抢救和治疗。在抢救和治疗中,工伤职工应享受工伤医疗待遇。

1. 医疗费用由工伤保险基金支付

治疗工伤所需医疗费用,符合工伤保险诊疗项目目录、工伤保险药品目录、工伤保险住院服务标准的,费用由工伤保险基金支付,职工个人不用支付。

2. 住院补助由用工单位支付

职工住院治疗工伤期间,由所在单位按照本单位因公出差伙食补助标准的70%发给工伤人员住院伙食补助费。

3. 外地就医差旅费由用工单位支付

经医疗机构出具证明,报经办机构同意,工伤职工需转院治疗,到统筹地区(设区的市一级)以外就医。转院就医所需交通、食宿费用,由所在单位按照本单位职工因公出差标准给予报销。

4. 康复器材费用由工伤保险基金支付

工伤职工经治疗后,在康复训练期间因日常生活或者就业需要,经劳动能力鉴定委员会确认,可以安装假肢、矫形器、假眼、假牙和配置轮椅等辅助器具,所需费用按照国家规定的标准可以从工伤保险基金支付。

5. 工伤治疗期间工资待遇由用工单位支付

职工因工作遭受事故伤害或者患职业病,需要暂停工作接受工伤医疗和康复训练。在停工留薪期间,由所在单位按月支付工资及福利待遇。

停工留薪期一般不超过12个月。伤情严重或者情况特殊,经设区的市级劳动能力鉴定委员会确认,可以适当延长,但最多不得超过12个月。工伤职工在停工留薪期满后仍需治疗的,继续享受工伤医疗待遇。

6. 工伤护理费用

生活不能自理的工伤职工在停工留薪期内需要护理的，由所在单位提供护理或支付护理费用。工伤职工已经评定伤残等级并经劳动能力鉴定委员会确认需要生活护理的，其护理费用由工伤保险基金按月支付。

生活护理费按照生活完全不能自理、生活大部分不能自理和生活部分不能自理3个不同等级支付，其标准分别为统筹地区上年度职工月平均工资的50％、40％、30％。

二、伤残待遇

工伤职工经治疗和康复训练后，劳动功能和生活自理能力仍有障碍的，应进行工伤伤残鉴定。根据不同的伤残等级，工伤职工可享受一次性伤残补助金、伤残津贴、伤残就业补助金以及生活护理费等待遇。

职工因工致残被鉴定为1级至4级伤残的，一次性伤残补助金分别为24个月、22个月、20个月和18个月的本人工资；伤残津贴按月发给本人，其标准分别为本人工资的90％、85％、80％、75％。

职工因工致残被鉴定为5级、6级伤残的，一次性伤残补助金分别为16个月、14个月的本人工资；伤残津贴按月发给本人，其标准分别为本人工资的70％和60％。

职工因工致残被鉴定为7级至10级伤残的，其伤残待遇主要为从工伤保险基金按伤残等级支付一次性伤残补助金。

三、工亡待遇

职工因工死亡，其直系亲属可按规定从工伤保险基金领取丧葬补助金、供养亲属补助金和一次性工亡补助金三项工亡待遇。

1. 丧葬补助金

丧葬补助金为6个月的统筹地区上年度职工月平均工资。

2. 供养亲属抚恤金

按照工亡职工本人生前工资的一定比例发给由工亡职工生前提供主要生活来源且无劳动能力的亲属抚恤金。其发放标准为：

工亡职工配偶每月可领取工亡职工生前工资40%的抚恤金,其他工亡职工亲属每人每月可领取其工资30%的抚恤金。工亡职工供养的孤寡老人或者孤儿,每人每月的抚恤金标准可以在上述标准的基础上增加10%。

3. 一次性工亡补助金

一次性工亡补助金标准为48个月至60个月的统筹地区上年度职工月平均工资。

事例链接

晓青在武汉一家私营企业工作。这家企业的老板对待职工十分苛刻,而且没有依法参加工伤保险等社会保险。在一次加班中,由于长时间劳动得不到很好的休息,晓青操作机器不到位,右手受了伤,被送到医院救治。在治疗过程中,晓青要求老板向劳动保障部门申报工伤,但企业老板告诉晓青不要申报工伤,因为如果政府有关部门知道企业出了工伤会进行处罚。老板同时安慰晓青,不申报工伤也不会影响他的利益,一切治疗费用都由企业承担,治疗期间工资也照发。晓青担心得罪了老板,可能会丢掉这份工作,因此,也就不再要求申报工伤了。经过一段时间的治疗,晓青出院了,但右手有些残疾,不能再从事原来的工作。晓青要求企业给予解决,但老板不但不给予落实工作,反而找到晓青,给他一个月的工资,要求晓青离开企业,另找工作。晓青这时才明白上了老板的当,于是向当地劳动保障部门申请工伤认定,并向劳动争议仲裁委员会申请裁决企业支付工伤待遇。劳动保障部门核实了情况,认定为工伤。经劳动能力鉴定委员会鉴定,晓青被鉴定为5级伤残。最后,企业被依法裁决支付晓青的工伤待遇,包括一次性伤残补助金和按月领取一定的伤残津贴。企业也因为未参加工伤保险被劳动保障部门处以罚款。

想一想

劳动者在工伤事故发生后，应如何应用法律武器维护自己的合法劳动权益？

思考题

1. 什么是工伤保险？
2. 工伤认定的程序有哪些？工伤认定需提交哪些资料？
3. 工伤待遇包括哪些内容？

参考文献

1. 郎宏图编. 劳动保护知识. 北京：中国劳动出版社，1997
2. 贾俊玲编. 劳动法和社会保障法学. 北京：中国劳动社会保障出版社，2006
3. 谢继冲编. 务工人员权益保护知识问答. 成都：四川人民出版社，2006
4. 安博士丛书. 职业病危害预防. 北京：中国劳动社会保障出版社，2004
5. 安博士丛书. 劳动保障合法权益. 北京：中国劳动社会保障出版社，2004
6. 安博士丛书. 安全生产事故预防. 北京：中国劳动社会保障出版社，2004
7. 劳动和社会保障部法制司. 劳动者维权手册. 北京：中国劳动社会保障出版社，2003
8. 沈水生编. 农民工劳动保障权益维护. 北京：中国劳动社会保障出版社，2003
9. 安博士丛书. 重大伤亡与职业病危害事故案例. 北京：中国劳动社会保障出版社，2004